Mathematik II

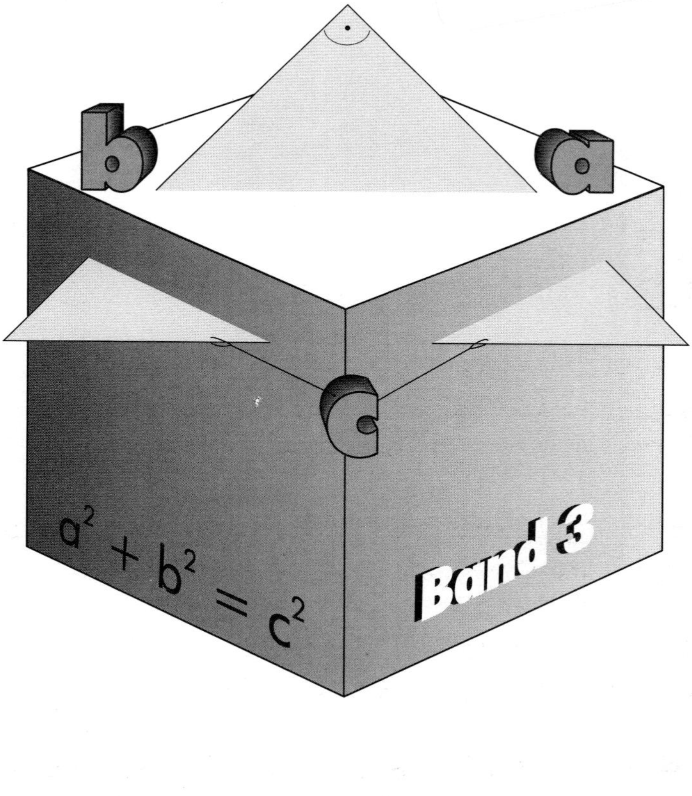

Inhaltsverzeichnis

Mathematik II

Vorwort

Liebe Schülerinnen und Schüler,

dieses Heft macht Sie mit dem Prüfungsstoff in Mathematik II / III vertraut und erleichtert Ihre Vorbereitung für die Abschlussprüfung 2000. Mit dieser Sammlung der neuesten **zwölf** Abschlussprüfungsaufgaben können Sie sich selbständig und intensiv - natürlich auch für Schulaufgaben und Stegreifaufgaben während des Schuljahres - vorbereiten.

Zum Gebrauch des Vorbereitungsheftes einige Arbeitshinweise:

=> Wenn Sie eine Prüfungsaufgabe (A oder B) vollständig bearbeiten, lernen Sie Anforderung und Niveau der Prüfungsfragen kennen. Testen Sie, ob Sie mit dem vorgegebenen Zeitmaß (= 150 min) zurecht kommen.

=> Entwerfen Sie mit den zugelassenen Hilfsmitteln erst Ihre eigenen Lösungen. Die Kurzlösungen ermöglichen Ihnen ein rasches Vergleichen Ihrer Ergebnisse, ohne jedoch die konzentrierte Arbeit lange zu unterbrechen. Arbeiten Sie zielsicher bis zum Ende einer Prüfungsaufgabe weiter.

=> Bewerten Sie Ihre Leistungen mit Hilfe des angegebenen Bewertungsschlüssels und finden Sie Ihre starken und schwachen Themenbereiche heraus. Trainieren Sie jetzt gezielt Ihre Problembereiche (Trainingsplan !)

=> Ausführliche Lösungsmuster stehen für eine vertiefte Vorbereitung zur Verfügung. Die Lösungen sind teilweise ausführlicher als in der Prüfung verlangt, zusätzliche Planfiguren erläutern den Rechenweg. Durch Runden mit dem Taschenrechner können sich kleine Abweichungen ergeben.

=> Typische Fragen und zugehörige Lösungsansätze der früheren Prüfungen sind im Lösungsmuster durch Rahmen hervorgehoben !

=> Hinweise zur Bearbeitung einer Abschlussprüfungsaufgabe fördern die Verständlichkeit des Angabentextes. Typische Formulierungen, Symbole und Begriffe der Fachsprache, Informationen und Lösungsstrategien werden vorgestellt.

=> Gut vorbereitet können Sie abschließend Ihr Wissen an zwei weiteren Prüfungsaufgaben (mit Lösungen) testen und die Prüfungssituation an zwei Aufgaben (ohne Lösungen) simulieren.

Viel Erfolg wünschen Ihnen die Herausgeber

Abschlussprüfung Mathematik II 1999 A

1.0 Durch Parallelverschiebung der Parabel p_o mit der Gleichung $y = -0{,}25x^2$ erhält man die Parabel p mit dem Scheitelpunkt $S(4 \mid 2{,}5)$.
Die Gerade g hat die Gleichung $y = -x + 7{,}5$ ($\mathbb{G} = \mathbb{R} \times \mathbb{R}$).

1.1 Zeigen Sie durch Rechnung, dass die Parabel p die Gleichung $y = -0{,}25x^2 + 2x - 1{,}5$ hat. Bestätigen Sie sodann rechnerisch, dass die Gerade g eine Tangente an die Parabel p ist.

1.2 Zeichnen Sie die Gerade g und die Parabel p in ein Koordinatensystem. Erstellen Sie dazu für die Parabel p eine Wertetabelle für $x \in [-1; 9]$ in Schritten von $\Delta x = 1$.
Für die Zeichnung: Längeneinheit 1 cm; $-2 \leqq x \leqq 10$; $-5 \leqq y \leqq 9$

1.3 Punkte $A_n(x \mid -0{,}25x^2 + 2x - 1{,}5)$ auf der Parabel p und der Punkt $C(6 \mid 1{,}5)$ auf der Parabel p sind Eckpunkte von rechtwinkligen Dreiecken A_nB_nC mit den Hypotenusen $[A_nC]$.
Die Katheten $[A_nB_n]$ sind parallel zur x-Achse.
Zeichnen Sie die Dreiecke A_1B_1C für $x = -1$ und A_2B_2C für $x = 0{,}5$ in das Koordinatensystem zu 1.2 ein.
Geben Sie sodann den Bereich für x an, so dass man Dreiecke A_nB_nC erhält.

1.4 Der Eckpunkt B_3 des Dreiecks A_3B_3C liegt auf der x-Achse. Berechnen Sie den Flächeninhalt des Dreiecks A_3B_3C. (Auf zwei Stellen nach dem Komma runden.)

1.5 Der Winkel B_4A_4C im Dreieck A_4B_4C hat das Maß $\alpha = 36°$. Berechnen Sie den zugehörigen Wert für x. (Auf zwei Stellen nach dem Komma runden.)

2.0 Die nebenstehende Skizze zeigt ein Grundstück PQRS, das an zwei Seiten von Straßen begrenzt wird und für einen Parkplatz vorgesehen ist.
Es gelten folgende Maße: $\sphericalangle PSR = 68°$; $\sphericalangle QPS = 90°$
$\overline{SP} = 135$ m; $\overline{PQ} = 52$ m; $\overline{SR} = 95$ m.

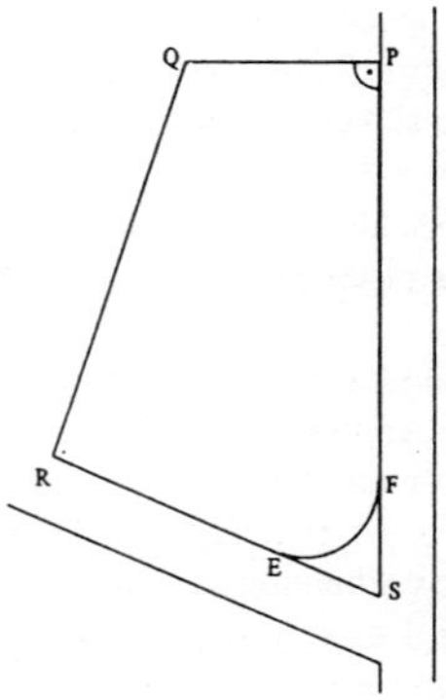

2.1 Zeichnen Sie das Parkplatzgrundstück PQRS im Maßstab 1:1000.

2.2 Berechnen Sie die Längen der Strecken [PR] und [QR] sowie das Maß φ des Winkels RQP.
(Auf eine Stelle nach dem Komma runden.)
[Teilergebnisse: $\overline{PR} = 132{,}8$ m; $\overline{QR} = 105{,}8$ m]

2.3 Für eine bessere Straßenführung soll das Grundstück mit dem Kreisbogen $\widehat{EF}$ abgerundet werden. Der Mittelpunkt M des Kreisbogens $\widehat{EF}$ hat von den beiden angrenzenden Straßenrändern [SP] und [SR] den Abstand $\overline{MF} = \overline{ME} = 20$ m.
Zeichnen Sie den Bogen $\widehat{EF}$ in die Zeichnung von 2.1 ein. Berechnen Sie sodann die Länge des Kreisbogens $\widehat{EF}$ auf eine Stelle nach dem Komma gerundet.

2.4 Durch die neue Straßenführung wird vom Grundstück PQRS ein Teilstück abgetrennt. Berechnen Sie den Flächeninhalt A dieses Teilstücks. (Auf eine Stelle nach dem Komma runden.)

2.5 Berechnen Sie, um wie viel Prozent das ursprüngliche Grundstück PQRS durch die neue Straßenführung kleiner wird. (Auf eine Stelle nach dem Komma runden.)

3.0 In dem gleichschenkligen Dreieck ABC mit der Basislänge $\overline{AB} = 10$ cm und mit $\sphericalangle ACB = 50°$ verläuft die Strecke [DE] parallel zur Strecke [AB]. Für die Mittelpunkte M und M_1 der Strecken [AB] bzw. [DE] gilt: $\overline{MM_1} = 2$ cm.

Dem Dreieck EDC wird wie in der untenstehenden Skizze ein Halbkreis mit dem Mittelpunkt M_1 einbeschrieben.

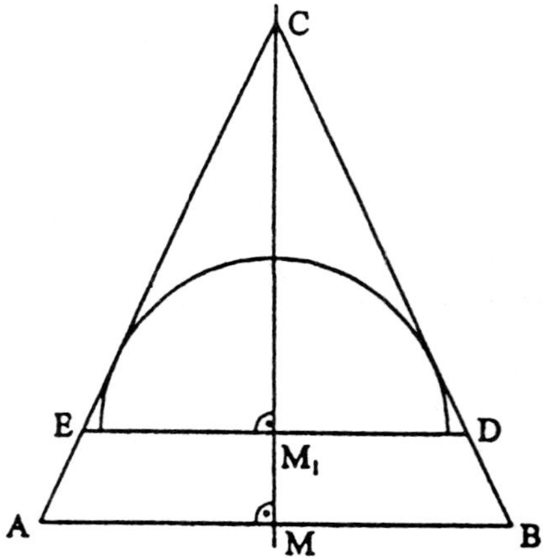

3.1 Zeichnen Sie das Dreieck ABC mit der Strecke [DE] und dem Halbkreis. Berechnen Sie sodann die Länge der Strecke [MC] auf zwei Stellen nach dem Komma gerundet.
[Teilergebnis: $\overline{MC} = 10{,}72$ cm]

3.2 Berechnen Sie den Radius r_1 des Halbkreises auf zwei Stellen nach dem Komma gerundet.
[Ergebnis: $r_1 = 3{,}69$ cm]

3.3 Das Trapez ABDE und der Halbkreis rotieren um MC als Rotationsachse. Berechnen Sie das Volumen des entstehenden Rotationskörpers. (Auf zwei Stellen nach dem Komma runden.) [Teilergebnis: $\overline{EM_1} = 4{,}07$ cm]

3.4 Berechnen Sie die Oberfläche des Rotationskörpers aus 3.3. (Auf zwei Stellen nach dem Komma runden.)

Abschlussprüfung Mathematik II 1999 B

1.0 Die Parabel p mit einer Gleichung der Form $y = 0{,}25x^2 + bx + c$ für $\mathbb{G} = \mathbb{R} \times \mathbb{R}$ und $b, c \in \mathbb{R}$ verläuft durch die Punkte $R(0 \mid 2)$ und $T(10 \mid 7)$.
Die Gerade g hat die Gleichung $y = 0{,}5x + 2$ ($\mathbb{G} = \mathbb{R} \times \mathbb{R}$).

1. 1 Zeigen Sie rechnerisch, dus die Parabel p die Gleichung $y = 0{,}25x^2 - 2x + 2$ hat.
Erstellen Sie für die Parabel p eine Wertetabelle für $x \in [-1; 10]$ in Schritten von $\Delta x = 1$ und zeichnen Sie die Parabel p und die Gerade g in ein Koordinatensystem.
Für die Zeichnung: Längeneinheit 1 cm; $-2 \leqq x \leqq 11$; $-3 \leqq y \leqq 8$

1.2 Die Punkte A_n auf der Geraden g und B_n auf der Parabel p haben jeweils dieselbe Abszisse x. Für $0 < x < 10$ sind sie zusammen mit den Punkten C_n auf der Geraden g die Eckpunkte von Dreiecken $A_nB_nC_n$, wobei stets $\overline{A_nC_n} = 3$ LE gilt.

Zeichnen Sie das Dreieck $A_1B_1C_1$ für $x = 1$ und das Dreieck $A_2B_2C_2$ für $x = 5{,}5$ in das Koordinatensystem zu 1. 1 ein.
Die Winkel $B_nA_nC_n$ haben stets das gleiche Maß α. Zeigen Sie durch Rechnung (auf zwei Stellen nach dem Komma gerundet), dass $\alpha = 116{,}57°$ gilt.

1.3 Stellen Sie die Streckenlänge $\overline{A_nB_n}(x)$ in Abhängigkeit von der Abszisse x der Punkte A_n dar. Die Dreiecke $A_3B_3C_3$ und $A_4B_4C_4$ sind gleichschenklig mit $[B_3C_3]$ bzw. $[B_4C_4]$ als Basis. Berechnen Sie die x-Koordinaten der Punkte A_3 und A_4 auf zwei Stellen nach dem Komma gerundet.
[Teilergebnis: $\overline{A_nB_n}(x) = (-0{,}25x^2 + 2{,}5x)$ LE]

1.4 Die Punkte F_n sind jeweils die Fußpunkte der Lote von den Punkten C_n auf die zugehörige Gerade A_nB_n.
Zeichnen Sie die Lotstrecken $[C_1F_1]$ und $[C_2F_2]$ in die Zeichnung zu 1.1 ein.
Zeigen Sie rechnerisch (auf zwei Stellen nach dem Komma gerundet), dass stets $\overline{C_nF_n} = 2{,}68$ LE gilt.

1.5 Bestimmen Sie den Flächeninhalt A(x) der Dreiecke $A_nB_nC_n$ in Abhängigkeit von der Abszisse x der Punkte A_n-
Unter den Dreiecken $A_nB_nC_n$ besitzt das Dreieck $A_oB_oC_o$ den größtmöglichen Flächeninhalt A_{max}. Berechnen Sie den zugehörigen Wert für x und geben Sie A_{max} an.
[Teilergebnis: $A(x) = (-0{,}335x^2 + 3{,}35x)$ FE]

2.0 Die nebenstehende Skizze zeigt den Grundriss eines neuen Freizeitbeckens im Kurbad. Das Viereck ABCD ist ein gleichschenkliges Trapez mit der Symmetrieachse EF, der Kreisbogen $\widehat{AB}$ hat den Punkt E als Kreismittelpunkt.

Es gelten folgende Maße: $\overline{AB} = 15{,}0$ m; $\overline{EF} = 8{,}0$ m und $\sphericalangle ADC = 100°$.

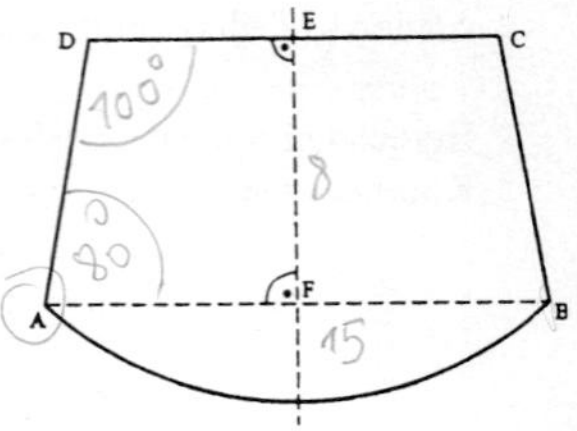

2.1 Zeichnen Sie den Grundriss des Freizeitbeckens im Maßstab 1:100. Berechnen Sie sodann den Radius $\overline{EA}$ des Kreisbogens $\widehat{AB}$ und das Maß ε des Winkels AEF auf eine Solle nach dem Komma gerundet. [Teilergebnisse: $\overline{EA} = 11{,}0$ m; $\varepsilon = 43{,}2°$]

2.2 Berechnen Sie den Umfang des Beckens. (Auf eine Stelle nach dem Komma runden.) [Teilergebnis: $\overline{DE} = 6{,}1$ m]

2.3 Am Schnittpunkt M der Diagonalen [BD] mit der Strecke [AE] soll die Düse einer Wasserfontäne angebracht werden. Das Wasser aus der Fontäne trifft in einem Bereich auf, der durch den Kreis k mit dem Mittelpunkt M und dem Radius $\overline{ME}$ begrenzt wird.

Zeichnen Sie den Punkt M und den Kreis k in die Zeichnung zu 2.1 ein. Berechnen Sie sodann den Radius $\overline{ME}$. (Auf eine Stelle nach dem Komma runden.)
[Teilergebnis: $\overline{ME} = 3{,}2$ m]

2.4 Berechnen Sie den Flächeninhalt des Bereichs außerhalb des Beckens, der von der Fontäne bespritzt wird. (Auf eine Stelle nach dem Komma runden.)

3.0 In dem Drachenviereck ABCD hat die Diagonale [AC], die auf der Symmetrieachse liegt, die Länge 10 cm und die Diagonale [BD] die Länge 8 cm. Die Diagonalen schneiden sich im Punkt M mit $\overline{AM} = 3$ cm. Das Drachenviereck ABCD ist die Grundfläche einer Pyramide ABCDS, deren Spitze S senkrecht über dem Eckpunkt A mit $\overline{AS} = 9$ cm liegt.

3.1 Zeichnen Sie ein Schrägbild der Pyramide ABCDS, wobei [AC] auf der Schrägbildachse liegen soll. Berechnen Sie sodann das Maß γ des Winkels SCA sowie die Länge der Strecke [CS] auf zwei Stellen nach dem Komma gerundet.
Für die Zeichnung: $q = \frac{1}{2}$; $\omega = 45°$
[Teilergebnis: $\gamma = 41{,}99°$]

3.2 Die Punkte P_n auf der Seitenkante [CS] sind jeweils zusammen mit den Punkten B und D die Eckpunkte von gleichschenkligen Dreiecken BDP_n.
Es gilt: $\overline{CP_n} = x$ cm ($x \varepsilon [0; 13{,}45]$).

Zeichnen Sie das Dreieck BDP_1 mit $\sphericalangle CMP_1 = 70°$ in das Schrägbild zu 3.1 ein und berechnen Sie den zugehörigen Wert für x auf zwei Stellen nach dem Komma gerundet.
[Teilergebnis: $x = 7{,}09$]

3.3 Berechnen Sie das Volumen der Pyramide $BCDP_1$. (Auf zwei Stellen nach dem Komma runden.)

3.4 Der Flächeninhalt des Dreiecks BDP_2 beträgt 80% des Flächeninhalts der Pyramidengrundfläche ABCD. Berechnen Sie den zugehörigen Wert für x.
(Auf zwei Stellen nach dem Komma runden.)

Abschlussprüfung Mathematik II 1998 A

1.0 Zwischen den Endpunkten A (0 | 0) und C (6 | 6) liegen auf der Strecke [AC] die Diagonalenschnittpunkte M_n von Drachenvierecken AB_nCD_n mit AC als gemeinsamer Symmetrieachse. Die Eckpunkte D_n $(x \mid x^2 + 2)$ liegen auf der Parabel p mit der Gleichung $y = x^2 + 2$ ($\mathbb{G}$ = IR x IR).

1.1 Zeichnen Sie die Parabel p sowie die Drachenvierecke AB_1CD_1 für x = - 0,5 und AB_2CD_2 für x = 2 jeweils mit ihren Diagonalen in ein Koordinatensystem ein.
Für die Zeichnung: Längeneinheit 1 cm; $-4 \leqq x \leqq 7$; $-1 \leqq y \leqq 7$

1.2 Ermitteln Sie rechnerisch die Gleichung der Geraden B_1D_1 und zeigen Sie sodann durch Rechnung, dass die Gerade B_1D_1 Tangente an die Parabel p ist.
Teilergebnis: B_1D_1 mit $y = - x + 1{,}75$]

1.3 Berechnen Sie die Koordinaten des Diagonalenschnittpunktes M_1 des Drachenvierecks AB_1CD_1 und bestimmen Sie sodann das Intervall für die Maßzahlen der Streckenlängen $\overline{AM_n}$ (Intervallgrenzen auf zwei Stellen nach dem Komma gerundet).
[Teilergebnis: M_1 (0,875 | 0,875)]

1.4 Bestätigen Sie rechnerisch, dass für die Abszisse x der Punkte D_n $(x \mid x^2 + 2)$ gilt:
$-3{,}70 < x < 2{,}70$.

1.5 Bestimmen Sie rechnerisch den Flächeninhalt A (x) der Drachenvierecke AB_nCD_n in Abhängigkeit von der Abszisse x der Punkte D_n.
Unter den Drachenvierecken AB_nCD_n besitzt das Drachenviereck AB_oCD_o den kleinstmöglichen Flächeninhalt A_{min}. Berechnen Sie den zugehörigen Wert für x und geben Sie A_{min} an.
[Teilergebnis: $A(x) = (6x^2 - 6x + 12)$ FE]

1.6 Das Drachenviereck AB_3CD_3 hat den Flächeninhalt 48 FE. Berechnen Sie die Koordinaten des Eckpunktes D_3 und sodann das Maß des Winkels B_3AD_3. (Auf zwei Stellen nach dem Komma runden.)

2.0 Gegeben ist das Dreieck ABC mit $\overline{AB}$ = 8 cm, $\overline{BC}$ = 7 cm und $\overline{AC}$ = 13,5 cm.

2.1 Zeichnen Sie das Dreieck ABC und berechnen Sie das Maß α des Winkels BAC auf zwei Stellen nach dem Komma gerundet.
[Teilergebnis: $\alpha = 24{,}05°$]

2.2 Die Punkte P_n auf der Seite [AB] mit $\overline{AP_n}$ = x cm sind für $x \leq 8$ und $x \in IR^+$ zusammen mit den Punkten Q_n auf [BC] und R_n auf [AC] die Eckpunkte von Dreiecken $P_nQ_nR_n$.
Dabei gilt: $[R_nP_n] \perp [AB]$ und $[R_nQ_n] \parallel [AB]$.

Zeichnen Sie das Dreieck $P_1Q_1R_1$ für x = 6 in die Zeichnung zu 2.1 ein.

2.3 Stellen Sie die Seitenlängen $\overline{R_nP_n}$ (x) und $\overline{R_nQ_n}$ (x) jeweils in Abhängigkeit von x dar. Berechnen Sie sodann den Wert für x, so dass das zugehörige Dreieck $P_oQ_oR_o$ gleichschenklig ist. (Auf zwei Stellen nach dem Komma runden.)
[Teilergebnis: $\overline{R_nP_n}(x) = 0{,}45 \cdot x$ cm; $\overline{R_nQ_n}(x) = (-0{,}65 \cdot x + 8)$ cm]

2.4 Zeichnen Sie den Umkreis des Dreiecks $P_1Q_1R_1$ mit dem Mittelpunkt M_1 in die Zeichnung zu 2.1 ein und berechnen Sie den Radius r des Umkreises auf zwei Stellen nach dem Komma gerundet. Berechnen Sie sodann den Flächeninhalt der Figur, die durch die Strecken $[R_1A]$, $[AP_1]$ und den Bogen $\overset{\frown}{R_1P_1}$ begrenzt wird. (Auf zwei Stellen nach dem Komma runden.)

[Teilergebnis: r = 2,45 cm]

2.5 Berechnen Sie den Wert für x, so dass der Winkel $R_2Q_2P_2$ das Maß α hat.

3.0 Die untenstehende Skizze zeigt einen Axialschnitt PQRST des füllbaren Teils eines Trinkglases. Dieser Teil hat die Form eines Rotationskörpers und ist aus einem kegelförmigen und einem zylinderförmigen Teil zusammengesetzt. Die Kegelhöhe beträgt 4 cm, die Zylinderhöhe 8 cm und der Zylinderdurchmesser 7 cm.

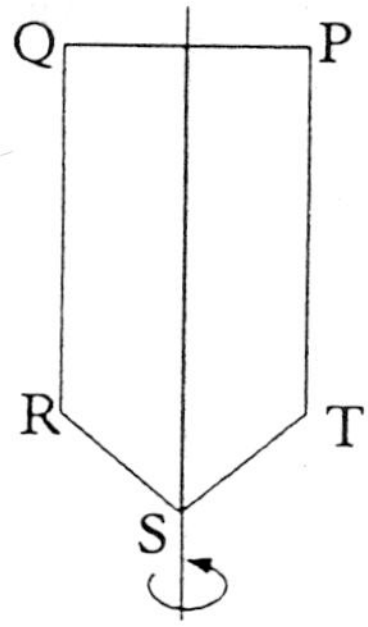

3.1 Zeichnen Sie den Axialschnitt PQRST, und berechnen Sie das Maß ε des Öffnungswinkels TSR des kegelförmigen Teils auf zwei Stellen nach dem Komma gerundet.
[Teilergebnis: $\varepsilon = 82{,}37°$]

3.2 Das Trinkglas wird bis 3 cm unter den Rand mit Apfelsaft gefüllt. Ermitteln Sie durch Rechnung, zu wie viel Prozent seines Fassungsvermögens das Trinkglas gefüllt ist. (Auf zwei Stellen nach dem Komma runden.)

3.3 Eine Kühlkugel mit dem Durchmesser d = 4 cm, die im Saft zu Boden sinkt, wird in das Glas gegeben.
Zeichnen Sie in den Axialschnitt zu 3.1 den Axialschnitt der Kugel mit dem Mittelpunkt M ein. Berechnen Sie sodann, um welche Höhe h* der Flüssigkeitsspiegel steigt. (Auf zwei Stellen nach dem Komma runden.)

3.4 Berechnen Sie, wie hoch die Flüssigkeit über dem höchsten Punkt der Kugel steht. (Auf zwei Stellen nach dem Komma runden.)

Abschlussprüfung Mathematik II 1998 B

1.0 Die Parabel p hat eine Gleichung der Form $y = a \cdot x^2 + bx + c$ für $\mathbb{G} = \mathbb{R} \times \mathbb{R}$; $a,b,c \in \mathbb{R}$ und $a \neq 0$. Sie verläuft durch den Punkt Q (1 | 7,25) und hat den Scheitelpunkt S (4 | 5). Die Gerade g hat die Gleichung $y = 0{,}5x + 1$ ($\mathbb{G} = \mathbb{R} \times \mathbb{R}$).

1.1 Ermitteln Sie rechnerisch die Gleichung der Parabel p. Erstellen Sie für die Parabel p eine Wertetabelle für $x \in [0; 8]$ in Schritten von $\Delta x = 1$ und zeichnen Sie die Parabel p und die Gerade g in ein Koordinatensystem.

Für die Zeichnung: Längeneinheit 1 cm; $-1 \leqq x \leqq 10$; $-1 \leqq y \leqq 10$

[Teilergebnis: p mit $y = 0{,}25 \cdot x^2 - 2x + 9$]

1.2 Die Punkte A_n (x | 0) auf der x-Achse und die Punkte C_n (x | $0{,}25x^2 - 2x + 9$) auf der Parabel p haben jeweils dieselbe Abszisse x. Für $x > -5$ sind sie zusammen mit den Punkten B_n auf der Geraden g und den Punkten D_n die Eckpunkte von Vierecken $A_nB_nC_nD_n$. Dabei ist die Abszisse der Punkte B_n stets um 3 größer als die Abszisse x der Punkte A_n und es gilt: $\overline{D_nB_n} = 4$ LE und $[D_nB_n] \perp [A_nC_n]$.

Zeichnen Sie das Viereck $A_1B_1C_1D_1$ für x = 3 zusammen mit seinen Diagonalen in das Koordinatensystem zu 1.1 ein und geben Sie die Koordinaten der Punkte B_n in Abhängigkeit von der Abszisse x der Punkte A_n an.

[Teilergebnis: B_n (x + 3 | 0,5x + 2,5)]

1.3 Bestimmen Sie durch Rechnung den Flächeninhalt A (x) der Vierecke $A_nB_nC_nD_n$ in Abhängigkeit von der Abszisse x der Punkte A_n.

[Ergebnis: $A(x) = (0{,}5 \cdot x^2 - 4x + 18)$ FE]

1.4 Die Vierecke $A_2B_2C_2D_2$ und $A_3B_3C_3D_3$ haben einen um 40% größeren Flächeninhalt als das Viereck $A_oB_oC_oD_o$ mit dem kleinstmöglichen Flächeninhalt A_{min}. Berechnen Sie die x-Koordinaten der Punkte A_2 und A_3 auf zwei Stellen nach dem Komma gerundet.

1.5 Unter den Vierecken $A_nB_nC_nD_n$ gibt es zwei Drachenvierecke $A_4B_4C_4D_4$ und $A_5B_5C_5D_5$. Berechnen Sie die x-Koordinaten der Punkte A_4 und A_5 auf zwei Stellen nach dem Komma gerundet.

2.0 Auf ein Holzbrett ist ein Dreieck ABC mit den Seitenlängen $\overline{AB} = 16$ cm, $\overline{BC} = 18$ cm und $\overline{AC} = 28$ cm gezeichnet. Im Eckpunkt C steckt ein Nagel.

2.1 Zeichnen Sie das Dreieck ABC im Maßstab 1:2 und berechnen Sie das Maß γ des Winkels ACB auf zwei Stellen nach dem Komma gerundet.

[Teilergebnis: $\gamma = 32{,}30°$]

2.2 Eine 18 cm lange Schnur wird um den Nagel in C gespannt, so dass das eine Schnurende auf der Seite [AC] und das andere Schnurende auf der Seite [BC] liegt.
Die beiden Schnurenden legen jeweils auf der Seite [AC] die Punkte E_n und auf der Seite [BC] die zugehörigen Punkte F_n fest.

Zeichnen Sie die Punkte E_1 und F_1 in die Zeichnung zu 2.1 ein, wenn die Schnur so gespannt ist, dass die Strecke $[E_1C]$ doppelt so lang wie die Strecke $[CF_1]$ ist. Berechnen Sie sodann die Entfernung $\overline{E_1F_1}$ der Schnurenden auf zwei Stellen nach dem Komma gerundet.

2.3 Der Kreis k_1 um C mit dem Radius $\overline{E_1C}$ schneidet die Seite [BC] im Punkt G_1.
Der Kreis k_2 um F_1, mit dem Radius $\overline{F_1G_1}$ schneidet die Seite [AC] im Punkt H_1.
Zeichnen Sie die Kreisbögen $\overset{\frown}{E_1G_1}$ und $\overset{\frown}{H_1G_1}$ in die Zeichnung zu 2.1 ein und berechnen Sie sodann den Flächeninhalt der Figur, die von der Strecke $[H_1E_1]$, dem Bogen $\overset{\frown}{E_1G_1}$ und dem Bogen $\overset{\frown}{H_1G_1}$ begrenzt wird. (Auf zwei Stellen nach dem Komma runden.)

2.4 Die Schnur lässt sich von E_2 über C nach F_2 so spannen, dass das Dreieck E_2F_2C bei F_2 rechtwinklig ist. Berechnen Sie die Länge $\overline{E_2C}$. (Auf zwei Stellen nach dem Komma runden.)

3.0 Das Rechteck ABCD mit $\overline{AB} = 8$ cm, $\overline{BC} = 6$ cm ist die Grundfläche einer Pyramide ABCDS. Der Mittelpunkt F der Seite [AD] ist der Fußpunkt der Pyramidenhöhe [FS] mit $\overline{FS} = 7$ cm. Der Punkt E ist der Mittelpunkt der Seite [BC].

3.1 Zeichnen Sie ein Schrägbild der Pyramide ABCDS, wobei [DC] auf der Schrägbildachse liegen soll.
Für die Zeichnung: $q = \frac{1}{2}$; $\omega = 45°$
Berechnen Sie das Maß γ des Winkels SEF und die Länge der Strecke [SE] jeweils auf zwei Stellen nach dem Komma gerundet. [Teilergebnis: $\gamma = 41{,}19°$]

3.2 Auf [SE] liegen Punkte P_n mit $\overline{EP_n} = x$ cm ($x < 10{,}63$; $x \in \mathbb{R}^+$). Sie sind die Spitzen neuer Pyramiden $ABCDP_n$. Zeichnen Sie die Pyramide $ABCDP_1$ für $x = 3$ in das Schrägbild zu 3.1 ein und berechnen Sie das Volumen der Pyramide $ABCDP_1$. (Auf zwei Stellen nach dem Komma runden.)

3.3 Für den Punkt P_2 hat der Winkel EFP_2 das Maß 70°. Berechnen Sie den zugehörigen Wert für x und sodann den Flächeninhalt der Seitenfläche DAP_2. (Auf zwei Stellen nach dem Komma runden.)
[Teilergebnis: $x = 8{,}06$]

3.4 Stellen Sie die Streckenlängen $\overline{BP_n}(x)$, $\overline{FP_n}(x)$ und $\overline{AP_n}(x)$ jeweils in Abhängigkeit von x dar. Bei der Pyramide $ABCDP_3$ ist die Seitenkante $[AP_3]$ doppelt so lang wie die Seitenkante $[BP_3]$. Berechnen Sie den zugehörigen Wert für x. (Auf zwei Stellen nach dem Komma runden.)
[Teilergebnis: $\overline{FP_n}(x) = \sqrt{x^2 - 12{,}04x + 64}$ cm]

Abschlussprüfung Mathematik II 1997 A

1.0 Gegeben sind die Parabel p mit dem Scheitel S (- 2 | - 1) und die Gerade g mit $y = 0{,}5\,x + 6$ ($\mathbb{G} = \mathbb{R} \times \mathbb{R}$) Die Parabel p verläuft auch durch den Punkt P (1 | 3,5) und wird von der Geraden g in den Punkten A und Q geschnitten.

1.1 Ermitteln Sie die Gleichung der Parabel p, und berechnen Sie die Koordinaten der Schnittpunkte A und Q.
[Teilergebnisse: $y = 0{,}5\,x^2 + 2\,x + 1$; A (- 5 | 3,5)]

1.2 Zeichnen Sie die Gerade g und die Parabel p in ein Koordinatensystem. Erstellen Sie zum Zeichnen der Parabel p eine Wertetabelle für $x \in [-6 ; 2]$ in Schritten von $\Delta x = 1$.
Für die Zeichnung: Längeneinheit 1 cm; $-6 \leqq x \leqq 9$; $-2 \leqq y \leqq 8$

1.3 Die Punkte B_n $(x \mid 0{,}5\,x^2 + 2\,x + 1)$ auf der Parabel p und die Punkte D_n $(x \mid 0{,}5\,x + 6)$ auf der Geraden g haben dieselbe Abszisse x. Für $-5 < x < 2$ mit $x \in \mathbb{R}$ erhält man Drachenvierecke $AB_nC_nD_n$ mit B_nD_n als jeweiliger Symmetrieachse und ein Dreieck AC_oD_o, die den Eckpunkt A gemeinsam haben.

Zeichnen Sie die Drachenvierecke $AB_1C_1D_1$ für x = - 3 und $AB_2C_2D_2$ für x = 1,5 sowie das Dreieck AC_oD_o in das Koordinatensystem zu 1.2 ein.

1.4 In einem der Drachenvierecke $AB_nC_nD_n$ sind die Diagonalen $[AC_n]$ und $[B_nD_n]$ gleich lang. Berechnen Sie den zugehörigen Wert für x.
[Teilergebnis: $\overline{AC_n}\,(x) = (2\,x + 10)$ LE]

1.5 Die Winkel C_nAD_n sind maßgleich. Berechnen Sie das gemeinsame Maß φ auf zwei Stellen nach dem Komma gerundet.

1.6 Unter den Drachenvierecken $AB_nC_nD_n$ gibt es eine Raute $AB_3C_3D_3$.
Ermitteln Sie im Koordinatensystem zu 1.2 die Raute zunächst zeichnerisch. Berechnen Sie sodann die Koordinaten des Eckpunktes D_3.

2.0 In der Schiffahrt werden zur Kennzeichnung des Fahrwassers Schwimmkörper aus Stahlblech, sogenannte Bojen, verwendet. Die untenstehende Skizze zeigt einen Axialschnitt ABCDEF einer Boje. Sie hat die Form eines Rotationskörpers mit der Rotationsachse AD und ist aus zwei kegelförmigen Teilen und einen zylinderförmigen Teil zusammengesetzt.

Es gelten folgende Maße:
$\overline{AD} = 3{,}50$ m
$\overline{AB} = \overline{AF} = 2{,}00$ m
$\overline{BC} = \overline{FE} = 1{,}00$ m
$\sphericalangle BAF = 54^\circ$

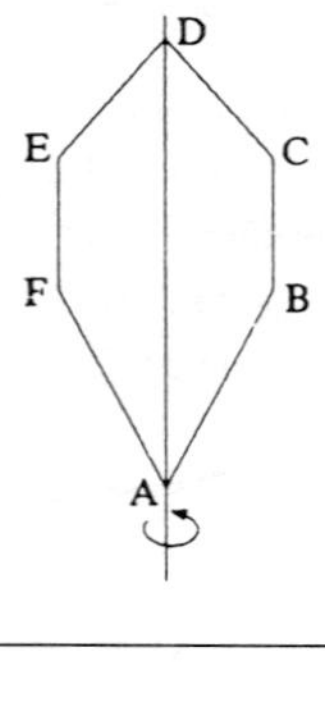

2.1 Zeichnen Sie den Axialschnitt ABCDEF der Boje, wobei einer Länge von 1 m in der Zeichnung 3 cm entsprechen sollen.

Berechnen Sie sodann den Durchmesser $\overline{FB}$ der Boje auf Zentimeter gerundet.

[Teilergebnis: $\overline{FB} = 1{,}82$ m]

2.2 Berechnen Sie das Maß φ des Winkels EDC sowie das Volumen der Boje in Kubikmeter. (Auf zwei Stellen nach dem Komma runden.)

[Teilergebnis: $\varphi = 103{,}30^\circ$]

2.3 Der obere kegelförmige Teil der Boje mit der Spitze D und der zylinderförmige Teil erhalten einen Leuchtanstrich. Berechnen Sie den Flächeninhalt der zu streichenden Fläche in Quadratmeter. (Auf zwei Stellen nach dem Komma runden.)

2.4 Im Inneren der Boje werden 3,20 m lange Streben eingeschweißt, die vom Punkt A zum Mantel des oberen Kegels verlaufen. Der Befestigungspunkt P einer solchen Strebe [AP] liegt auf [CD]. Zeichnen Sie [AP] in den Axialschnitt zu 2.1 ein. Berechnen Sie sodann die Entfernung des Befestigungspunktes P von der Kegelspitze D. (Auf zwei Stellen nach dem Komma runden.)

3.1 Das Rechteck PQRS mit $\overline{PQ} = 11$ cm und $\overline{QR} = 6{,}5$ cm ist gegeben.

Zeichnen Sie das Rechteck PQRS mit der Diagonale [QS], und berechnen Sie sodann das Maß ε des Winkels PSQ sowie die Länge der Diagonale [QS] jeweils auf zwei Stellen nach dem Komma gerundet.

[Teilergebnis: $\varepsilon = 59{,}42^\circ$]

3.2 Auf der Diagonale [QS] liegen Punkte T_n mit $\overline{ST_n} = x$ cm ($x \in \mathbb{R}^+$).

Für den Punkt T_1 gilt: $\sphericalangle ST_1P = 75^\circ$. Tragen Sie T_1 sowie die Strecken $[PT_1]$ und $[T_1R]$ in die Zeichnung zu 3.1 ein.

Berechnen Sie sodann den zu T_1 gehörenden Wert für x und die Streckenlänge $\overline{T_1R}$. (Auf zwei Stellen nach dem Komma runden.)

[Teilergebnis: x = 4,81]

3.3 Ein Kreis um R berührt die Diagonale [QS] im Punkt T_2 und schneidet die Strecke $[T_1R]$ im Punkt U. Zeichnen Sie den Kreisbogen $\overset{\frown}{UT_2}$ in die Zeichnung zu 3.1 ein. Berechnen Sie den zu T_2 gehörenden Wert für x sowie den Flächeninhalt A der Figur, die vom Kreisbogen $\overset{\frown}{UT_2}$ sowie den Strecken $[UT_1]$ und $[T_1T_2]$ begrenzt wird. (Auf zwei Stellen nach dem Komma runden.)

3.4 Zeigen Sie rechnerisch, daß der Flächeninhalt A (x) der Vierecke PT_nRS wie folgt in Abhängigkeit von x dargestellt werden kann: $A(x) = 5{,}60\,x\ \text{cm}^2$.
Der Flächeninhalt des Vierecks PT_3RS beträgt 30 % vom Flächeninhalt des Vierecks $PQRT_3$. Berechnen Sie den zu T_3 gehörenden Wert für x. (Auf zwei Stellen nach dem Komma runden.)

Abschlussprüfung Mathematik II 1997 B

1.0 Gegeben sind für $\mathbb{G} = \mathbb{R} \times \mathbb{R}$ die Parabel p_1 mit $y = 0{,}25\,x^2 - 3{,}5\,x + 14$ und die Parabel p_2 mit $y = x^2 - 16\,x + 69$. Die Punkte $B\,(2 \mid -1)$ und $C\,(8 \mid 2)$ liegen auf der Geraden g mit der Gleichung $y = 0{,}5\,x - 2$ ($\mathbb{G} = \mathbb{R} \times \mathbb{R}$).

1.1 Zeigen Sie durch Rechnung, daß die Gerade g die Parabel p_1 im Punkt C berührt.

1.2 Zeichnen Sie die Gerade g und die Parabeln p_1 und p_2 in ein Koordinatensystem. Berechnen Sie dazu die Koordinaten des Scheitelpunktes S der Parabel p_2, und erstellen Sie zum Zeichnen der Parabel p_1 eine Wertetabelle mit $x \in [2; 11]$ in Schritten von $\Delta x = 1$.

Für die Zeichnung: Längeneinheit 1 cm; $-1 \leqq x \leqq 12$; $-2 \leqq y \leqq 12$

1.3 Für $1 \leqq x < 5$ sind die Punkte $A_n\,(x \mid 0{,}25\,x^2 - 3{,}5\,x + 14)$ auf der Parabel p_1 zusammen mit den Punkte D_n auf der Parabel p_2 Eckpunkte von Vierecken A_nBCD_n. Die Abszisse der Punkte D_n ist stets doppelt so groß wie die Abszisse x der Punkte A_n.

Zeichnen Sie das Viereck A_1BCD_1 für $x = 3$ und das Viereck A_2BCD_2 für $x = 4$ in das Koordinatensystem zu 1.2 ein.
Berechnen Sie das Maß ε des Winkels A_2D_2C im Viereck A_2BCD_2 auf zwei Stellen nach dem Komma gerundet.

1.4 Zeigen Sie durch Rechnung, daß für die Koordinaten der Punkte D_n in Abhängigkeit von der Abszisse x der Punkte A_n gilt: $D_n\,(2\,x \mid 4\,x^2 - 32\,x + 69)$.

1.5 Es gibt zwei Vierecke A_3BCD_3 und A_4BCD_4 mit $[A_3D_3] \parallel [BC]$ beziehungsweise $[A_4D_4] \parallel [BC]$. Berechnen Sie die zugehörigen Werte für x.

2.0 Zum Bau eines Drachens geht man von einem Drachenviereck ABCD mit BD als Symmetrieachse aus. Die Diagonalen des Drachenvierecks schneiden sich im Punkt M, und es gilt: $\overline{AB} = 110$ cm, $\overline{AD} = 65$ cm und $\overline{BD} = 140$ cm.

2.1 Zeichnen Sie das Drachenviereck ABCD im Maßstab 1:10, und berechnen Sie das Maß δ des Winkels ADC auf zwei Stellen nach dem Komma gerundet.
[Teilergebnis: $\delta = 99{,}78^\circ$]

2.2 Der Eckpunkt D ist der Mittelpunkt eines Kreises k, der durch M verläuft. Der Kreis k schneidet [DA] im Punkt R und [DC] im Punkt S.
Zeichnen Sie den Bogen $\overset{\frown}{RS}$ des Kreises k in die Zeichnung zu 2.1 ein.

2.3 Der Drachen soll mit Stoff bespannt werden.Dazu werden die Leisten [BR] und [BS] eingebaut.
Zeichnen Sie [BR] und [BS] in die Zeichnung zu 2.1 ein, und berechnen Sie den Radius $\overline{DM}$ des Kreises k, die Länge des Bogens RS und die Leistenlänge $\overline{BR}$ jeweils auf Millimeter genau.
[Teilergebnis: $\overline{DM} = 41{,}9$ cm]

2.4 Der vom Bogen $\widehat{RS}$ und den Leisten [BR] und [BS] begrenzte Teil des Drachens wird mit gelbem Stoff bespannt, der Rest des Drachens mit grünem Stoff.
Berechnen Sie den Inhalt A in Quadratdezimeter des Flächenstücks, das mit gelbem Stoff bespannt wird. (Auf zwei Stellen nach dem Komma runden.)
[Ergebnis: $A = 29{,}57\ dm^2$]

2.5 Wieviel Prozent der Drachenfläche verbleiben für die Bespannung mit grünem Stoff ? (Auf zwei Stellen nach dem Komma runden.)

3.0 Die Pyramide EFGHS hat das Rechteck EFGH mit den Seitenlängen $\overline{EF} = 7$ cm und $\overline{FG} = 9$ cm als Grundfläche. Die Spitze S der Pyramide liegt senkrecht über dem Punkt H in 8 cm Höhe über der Grundfläche.

3.1 Zeichnen Sie ein Schrägbild der Pyramide EFGHS. Dabei soll [HG] auf der Schrägbildachse liegen.
Für die Zeichnung: $q = \frac{1}{2}$; $\omega = 45°$

3.2 Berechnen Sie die Länge der Seitenkante [GS] und sodann die Oberfläche A der Pyramide EFGHS. (Auf zwei Stellen nach dem Komma runden.)
[Teilergebnis: $\overline{GS} = 10{,}63$ cm]

3.3 Die Punkte S_n liegen auf [HS] in x cm Entfernung von S. Es gilt $0 < x < 8$ und $x \in \mathbb{R}$.
Die Punkte S_n sind die Spitzen von neuen Pyramiden $EFG_nH_nS_n$. Die Punkte G_n erhält man durch Verlängerung von [HG] über G hinaus um 2 x cm, die Punkte H_n durch Verlängerung von [HG] über H hinaus um 2 x cm.
Zeichnen Sie für x = 2 die Pyramide $EFG_1H_1S_1$ in das Schrägbild zu 3.1 ein.

3.4 Bestätigen Sie durch Rechnung, daß für das Volumnen V (x) der Pyramiden $EFG_nH_nS_n$ in Abhängigkeit von x gilt: $V(x) = (-6x^2 + 27x + 168)\ cm^3$.

3.5 Die Pyramide $EFG_2H_2S_2$ hat das größtmögliche Volumen V_{max} . Berechnen Sie den zugehörigen Wert für x und V_{max}.

3.6 In der Pyramide $EFG_3H_3S_3$ hat der Winkel H_3G_3F das Maß 65° .
Berechnen Sie den zugehörigen Wert für x auf zwei Stellen nach dem Komma gerundet.
Welchen prozentualen Anteil hat das Volumen der Pyramide EFGHS am Volumen der Pyramide $EFG_3H_3S_3$. (Auf zwei Stellen nach dem Komma runden.)

Abschlussprüfung Mathematik II 1996 A

1.0 Die Parabel p hat die Geichung $y = -\frac{1}{8}x^2 + \frac{1}{2}x + 5$ ($\mathbb{G} = \mathbb{R} \times \mathbb{R}$).

1.1 Zeigen Sie rechnerisch, daß die Parabel p den Scheitelpunkt S (2 | 5,5) hat, und zeichnen Sie p in ein Koordinatensystem. Erstellen sie dazu eine Wertetabelle für $x \in [-4; 8]$ in Schritten von $\Delta x = 2$.
Für die Zeichnung: Längeneinheit 1 cm; $-5 \leqq x \leqq 9$; $-1 \leqq y \leqq 7$

1.2 Punkte D_n $(x \mid -\frac{1}{8}x^2 + \frac{1}{2}x + 5)$ und C_n auf der Parabel p sind für $-4 \leqq x \leqq 4$ zusammen mit den Punkten A (-2 | 0) und B (4 | 0) die Eckpunkte von Vierecken ABC_nD_n. Dabei ist die Abszisse der Punkte C_n stets um 4 größer als die Abzisse x der Punkte D_n.

Zeichnen Sie das Viereck ABC_1D_1 für x = - 1 in das Koordinatensystem zu 1.1 ein, und ermitteln Sie rechnerisch die Koordinaten der Punkte C_n in Abhängigkeit von der Abszisse x der Punkte D_n.
[Teilergebnis: C_n $(x + 4 \mid -\frac{1}{8}x^2 + \frac{1}{2}x + 5)$]

1.3 In dem Viereck ABC_2D_2 hat der Winkel BAD_2 das Maß 58°. Zeichnen Sie dieses Viereck in das Koordinatensystem zu 1.1 ein, und berechnen Sie die Koordinaten der Punkte C_2 und D_2. (Auf zwei Stellen nach dem Komma runden.)

1.4 Berechnen Sie den Flächeninhalt A(x) der Vierecke ABC_nD_n in Abhängigkeit von der Abszisse x der Punkte D_n.
[Ergebnis: $A(x) = (-\frac{1}{8}x^2 + \frac{1}{2}x + 25)$ FE]

1.5 Unter den Vierecken ABC_nD_n gibt es ein Trapez ABC_3D_3 mit $[AB] \parallel [C_3D_3]$.
Berechnen Sie die Koordinaten des Punktes D_3.
Das Viereck ABC_4D_4 ist flächengleich zum Trapez ABC_3D_3.
Berechnen Sie die Koordinaten des Punktes C_4.

2.0 Das Dreieck PQR hat die Seitenlängen $\overline{PQ} = 14$ cm, $\overline{PR} = 10$ cm und $\overline{QR} = 7{,}5$ cm.

2.1 Zeichnen Sie das Dreieck PQR. Berechnen Sie sodann das Maß α des Winkels QPR auf zwei Stellen nach dem Komma gerundet.
[Teilergebnis: $\alpha = 31{,}10°$]

2.2 Der Punkt E auf der Seite [PQ] ist der Mittelpunkt eines Kreises k mit dem Radius 3 cm, der die Seite [PR] im Punkt D berührt. Der Kreis k schneidet die Strecke [EQ] im Punkt F und die Strecke [PE] im Punkt G.
Zeichnen Sie die Punkte E und D, den Kreis k sowie die Punkte F und G in die Zeichnung zu 2.1 ein.

2.3 Berechnen Sie den Flächeninhalt A der Figur, die vom Kreisbogen FD und den Strecken [FQ], [QR] und [RD] begrenzt wird.
Berechnen Sie sodann den prozentualen Anteil von A am Flächeninhalt des Dreiecks PQR. (Auf zwei Stellen nach dem Komma runden.)

2.4 Der Eckpunkt S des Dreiecks EQS liegt au dem Kreis k mit $\sphericalangle ESQ = 90^{\circ}$.
Zeichnen Sie das Dreieck EQS in die Zeichnung zu 2.1 ein. Berechnen Sie die Streckenlänge $\overline{PE}$ und sodann das Maß ε des Winkels SQE.
(Auf zwei Stellen nach dem Komma runden.)
[Teilergebnis: $\overline{PE} = 5{,}81$ cm]

3.0 Gegeben ist das Quadrat ABCD mit 10 cm langen Seiten. Die Viertelkreisbögen $\overset{\frown}{E_n F_n}$ mit E_n auf [BC] und F_n auf [AB] haben B als Mittelpunkt und die Radien $\overline{BE_n} = x$ cm ($0 < x < 10$ und $x \in \mathbb{R}$).
Die Viertelkreisbögen $\overset{\frown}{G_n E_n}$ mit G_n auf [DC] haben den Mittelpunkt C.

3.1 Zeichnen Sie das Quadrat ABCD mit den beiden Viertelkreisbögen $\overset{\frown}{E_1 F_1}$ und $\overset{\frown}{G_1 E_1}$, die man für x = 7,5 erhält.

3.2 Zeigen Sie rechnerisch, daß der Umfang der von den Viertelkreisbögen $\overset{\frown}{E_n F_n}$ und $\overset{\frown}{G_n E_n}$ sowie den Strecken $[G_nD]$, [DA] und $[AF_n]$ begrenzten Figuren stets gleich ist.

3.3 Die in 3.2 beschriebenen Figuren rotieren um BC als Achse. Berechnen Sie das Volumen V(x) der entstehenden Rotationskörper in Abhängigkeit von x.
[Ergebnis: $V(x) = 20\pi \cdot (-x^2 + 10x + \frac{50}{3})\ \text{cm}^3$]

3.4 Berechen Sie den Wert für x, so daß der zugehörige Rotationskörper das größtmögliche Volumen V_{max} besitzt, und geben Sie V_{max} an.
[Teilergebnis: $V_{max} = \frac{2500}{3}\pi\ \text{cm}^3$]

3.5 Berechnen Sie, um wieviel Prozent das Volumen des Rotationskörpers für x = 7,5 kleiner ist als V_{max}. (Auf zwei Stellen nach dem Komma runden.)

Abschlussprüfung Mathematik II 1996 B

1.0 Die Parabel p mit der Gleichung $y = \frac{1}{2} \cdot (x - 3)^2 - 3$ ist der Graph der Funktion f, die Gerade g hat die Gleichung $y = 1{,}5\,x - 2{,}5$ ($\mathbb{G} = \mathbb{R} \times \mathbb{R}$).

1.1 Tabellarisieren Sie f für $0 \leqq x \leqq 8$ in Schritten von $\Delta x = 1$, und zeichnen Sie die Parabel p und die Gerade g in ein Koordinatensystem.
Für die Zeichnung: Längeneinheit 1 cm; $-1 \leqq x \leqq 11$; $-4 \leqq y \leqq 11$

1.2 Die Parabel p und die Gerade g schneiden sich in den Punkten P (1 | - 1) und Q (8 | 9,5).
Die Punkte $A_n\,(x \mid \frac{1}{2} \cdot (x - 3)^2 - 3)$ auf der Parabel p zwischen den Punkten P und Q und die Punkte C_n auf der Geraden g haben jeweils dieselbe Abszisse x.
Sie sind zusammen mit den Punkten B_n die Eckpunkte von Dreiecken $A_nB_nC_n$ mit $\overrightarrow{A_nB_n} = \begin{pmatrix} 5 \\ 3 \end{pmatrix}$.

Zeichnen Sie die Dreiecke $A_1B_1C_1$ für $x = 1{,}5$ und $A_2B_2C_2$ für $x = 6$ in das Koordinatensystem zu 1.1 ein.

1.3 Die Winkel $B_nA_nC_n$ haben stets das gleiche Maß α. Berechnen Sie α auf zwei Stellen nach dem Komma gerundet.

1.4 Zeigen Sie, daß für die Seitenlängen $\overline{A_nC_n}(x)$ in Abhängigkeit von der Abszisse x der Punkte A_n gilt: $\overline{A_nC_n}(x) = (-\frac{1}{2} \cdot x^2 + 4{,}5\,x - 4)$ LE. Berechnen Sie sodann den Flächeninhalt des Dreiecks $B_3A_3C_3$ mit der größtmöglichen Seitenlänge $\overline{A_3C_3}$.

1.5 Die Dreiecke $A_4B_4C_4$ und $A_5B_5C_5$ sind gleichschenklig mit $[B_4C_4]$ bzw. $[B_5C_5]$ als Basis. Berechnen Sie die zugehörigen Werte für x. (Auf zwei Stellen nach dem Komma runden.)

1.6 Die Dreiecke $A_6B_6C_6$ und $A_7B_7C_7$ sind bei C_6 bzw. C_7 rechtwinklig. Berechnen Sie die Koordinaten der Punkte C_6 und C_7.

2.0 Auf einem viereckigen Grundstück ABCD ist die Entfernung zweier Grenzpfosten C und D nicht unbehindert meßbar. Um die Länge der Strecke [DC] zu bestimmen, wurden von den zwei für die Messung günstig gelegenen Punkten A und B aus die folgenden Größen ermittelt:
$\overline{AB} = 51$ m, $\overline{AD} = 45$ m, $\overline{BC} = 75$ m, $\sphericalangle BAD = 59°$, $\sphericalangle CBA = 108°$.

2.1 Zeichnen Sie das Grundstück ABCD im Maßstab 1 : 1000.

2.2 Berechnen Sie die Streckenlänge $\overline{BD}$ und das Maß ε des Winkels DBA. (Auf eine Stelle nach dem Komma runden.) [Ergebnis: $\overline{BD} = 47{,}6$ m ; $\varepsilon = 54{,}1^\circ$]

2.3 Berechnen Sie die Entfernung $\overline{DC}$ der Grenzpfosten D und C und den Flächeninhalt A des Grundstücks ABCD. (Auf eine Stelle nach dem Komma runden.) [Ergebnis: $\overline{DC} = 60{,}7$ m ; $A = 2425{,}9\ m^2$]

2.4 Der Kreis k mit $\overline{DC}$ als Durchmesser hat den Mittelpunkt M und schneidet die Strecke [BC] im Punkt E. Zeichnen Sie den Kreis k und die Strecke [ME] in die Zeichnung zu 2.1 ein.
Der Grundstücksteil innerhalb des Kreises k ist mit Sträuchern bepflanzt, der restliche Teil des Grundstücks ist von Rasen bedeckt. Berechnen Sie die Größe der Rasenfläche. (Auf eine Stelle nach dem Komma runden.)

3.0 Im gleichschenkligen Dreieck ABC hat die Basis [BC] die Länge 10 cm, und die Höhe [AM] ist 11 cm lang. Das Dreieck ABC ist die Grundfläche einer Pyramide ABCS, deren Spitze S senkrecht über M liegt mit $\overline{MS} = 5\sqrt{3}$ cm .

3.1 Zeichnen Sie ein Schrägbild der Pyramide ABCS. Dabei soll [AM] auf der Schrägbildachse liegen.
Für die Zeichnung: $q = \frac{1}{2}$; $\omega = 45^\circ$
Berechnen Sie sodann das Maß α des Winkels MAS auf zwei Stellen nach dem Komma gerundet und die Länge der Seitenkante [AS]. [Teilergbnis: $\alpha = 38{,}21^\circ$; $\overline{AS} = 14$ cm]

3.2 Die Punkte Q_n sind die Endpunkte von Strecken $[AQ_n]$, die durch Verlängerung der Strecke [AM] um x cm über M hinaus entstehen. Die Punkte P_n liegen auf der Seitenkante [AS] in 2 x cm Entfernung von S. Es gilt: $0 < x < 7$ und $x \in \mathbb{R}$.
Die Punkte P_n sind die Spitzen von Pyramiden ABQ_nCP_n.
Zeichnen Sie die Pyramide ABQ_1CP_1 für x = 2,5 zusammen mit der Pyramidenhöhe $[P_1F_1]$ in das Schrägbild zu 3.1 ein.

3.3 In der Pyramide ABQ_2CP_2 hat der Winkel AP_2Q_2 das Maß 90°. Berechnen Sie den zugehörigen Wert für x. (Auf zwei Stellen nach dem Komma runden.)

3.4 Zeigen Sie durch Rechnung, daß für die Höhen $\overline{P_nF_n}(x)$ der Pyramiden ABQ_nCP_n in Abhängigkeit von x gilt: $\overline{P_nF_n}(x) = \frac{5\sqrt{3}}{7} \cdot (7 - x)$ cm.
Weisen Sie sodann rechnerisch nach, daß sich das Volumen V (x) der Pyramiden ABQ_nCP_n in Abhängigkeit von x wie folgt darstellen läßt:

$$V(x) = \frac{25\sqrt{3}}{21} \cdot (-x^2 - 4x + 77)\ cm^3.$$

3.5 Überprüfen Sie rechnerisch, ob es unter den Pyramiden ABQ_nCP_n eine Pyramide gibt, die das gleiche Volumen wie die Pyramide ABCS hat.

Lösungen M II 1999 A

	Punkte	Meine Punkte
1.1 $y = -0{,}25\,(x-4)^2 + 2{,}5$; $x^2 - 12x + 36 = 0$; $D = 0$	4	
1.2 Tabelle: (- 1 | - 3,75) ... ; Zeichnung	3	
1.3 Zeichnung; $x < 2$	2	
1.4 $x^2 - 8x + 6 = 0$; $\mathbb{L} = \{0{,}84\}$; $A = 3{,}87$ FE	3	
1.5 $x^2 - 5{,}08x - 5{,}44 = 0$; $\mathbb{L} = \{-0{,}92\}$	4	
2.1 Zeichnung	1	
2.2 (*); $\varepsilon = 41{,}5°$; $\sphericalangle QPR = 48{,}5°$; (*); $\varphi = 109{,}9°$	5	
2.3 Zeichnung; $\mu = 112°$; $\widehat{EF} = 39{,}1$ m	3	
2.4 $\overline{FS} = 29{,}7$ m; $A = 203{,}0\ m^2$	4	
2.5 $A_{PQRS} = 8531{,}6\ m^2$; $p = 2{,}4$ %	3	
3.1 Zeichnung; (*)	3	
3.2 $\overline{M_1C} = 8{,}72$ cm; (*)	2	
3.3 (*); $V = 234{,}62\ cm^3$	4	
3.4 $\overline{AC} = 11{,}83$ cm; $\overline{CE} = 9{,}62$ cm; $A = 236{,}18\ cm^2$	6	

Lösungen M II 1999 B

	Punkte	Meine Punkte
1.1 (*); Tabelle: (- 1 | 4,25) . . . ; Zeichnung	4	
1.2 Zeichnung; (*)	2	
1.3 (*); $x^2 - 10x + 12 = 0$; $\mathbb{L} = \{1{,}39 ;\ 8{,}61\}$	4	
1.4 $\alpha^* = 63{,}43°$; (*)	3	
1.5 (*); $A_{max}(5) = 8{,}375$ FE	4	
2.1 Zeichnung; (*); (*)	3	
2.2 $\overline{AD} = 8{,}1$ m; $\overline{DE} = 6{,}1$ m; $u = 45{,}0$ m	5	
2.3 Zeichnung; (*)	4	
2.4 $A = 2{,}6\ m^2$	3	
3.1 Zeichnung ; (*) ; $\overline{CS} = 13{,}45$ m	4	
3.2 Zeichnung; (*)	3	
3.3 $h = 4{,}74$ cm; $V = 44{,}24\ cm^3$	2	
3.4 $A = 32\ cm^2$; $\overline{MP_2} = 8$ cm; $\mathbb{L} = \{ 11{,}69 \}$	6	

(*) - Diese Ergebnisse sind in der Aufgabenstellung als Zwischenergebnisse angegeben !

Lösungen M II 1998 A

	Punkte	Meine Punkte
1.1 Zeichnung	2	
1.2 (*); $x^2 + x + 0{,}25 = 0$; D = 0	4	
1.3 x = - x + 1,75; (*); $\overline{AM_n} \in [\,1{,}24\,;\ 8{,}49\,]$	3	
1.4 $x^2 + 2 = -x + 12 \Leftrightarrow x^2 + x - 10 = 0$; (*)	3	
1.5 $A_{AB_nCD_n} = 2 \cdot A_{\Delta ACD_n}$; $A_{min}(0{,}5) = 10{,}5$ FE	3	
1.6 $6 \cdot x^2 - 6x + 12 = 48 \Leftrightarrow x^2 - x - 6 = 0$; $D_3(-2 \mid 6)$ $\varphi = 18{,}43^\circ$; $\sphericalangle B_3AD_3 = 126{,}86^\circ$	4	
2.1 Zeichnung ; (*)	2	
2.2 Zeichnung	1	
2.3 (*); $\overline{AR_n}(x) = 1{,}10 \cdot x$ cm ; $\overline{CR_n}(x) = (13{,}5 - 1{,}10\,x)$ cm ; (*);$0{,}45 \cdot x = -0{,}65 \cdot x + 8$; x = 7,27	5	
2.4 Zeichnung; $\overline{P_1Q_1} = \sqrt{2{,}70^2 + 4{,}10^2}$ cm ; (*) $\varepsilon = 66{,}87^\circ$; $A_{Figur} = 7{,}36\ cm^2$	7	
2.5 x = 4,85	2	
3.1 Zeichnung ; (*)	2	
3.2 $V_{Saft} = 243{,}74\ cm^3$; 67,86 %	3	
3.3 Zeichnung ; $V_{Kugel} = 33{,}51\ cm^3$; h* = 0,87 cm	3	
3.4 $\overline{MS} = 3{,}04$ cm ; h = 4,83 cm	3	

Lösungen M II 1998 B

	Punkte	Meine Punkte
1.1 $y = 0{,}25 \cdot (x - 4)^2 + 5$; (*) Tabelle: (0|9); (1|7,25) ... Zeichnung	5	
1.2 Einzeichnen; $x_B = x + 3$; (*)	2	
1.3 $A(x) = 2 \cdot (0{,}25 \cdot x^2 - 2x + 9)$ FE ; (*)	2	
1.4 $A_{min}(0{,}5) = 10$ FE ; $A_{groß} = 14$ FE ; $x^2 - 8x + 8 = 0$ $\mathbb{L} = \{\,1{,}17\,;\ 6{,}83\,\}$	5	
1.5 $x^2 - 12x + 16 = 0$; $\mathbb{L} = \{\,1{,}53\,;\ 10{,}47\,\}$	4	
2.1 Zeichnung ; (*)	2	
2.2 $\overline{E_1C} = 12$ cm ; $\overline{CF_1} = 6$ cm ; Einzeichnen; $\overline{E_1F_1} = 7{,}63$ cm	3	
2.3 Einzeichnen; $\sphericalangle H_1F_1G_1 = 64{,}60^\circ$; $A_{Figur} = 4{,}04\ cm^2$	5	
2.4 x = 9,73	3	
3.1 Zeichnung ; (*) ; $\overline{SE} = 10{,}63$ cm	3	
3.2 Einzeichnen; $\overline{H_1P_1} = 1{,}98$ cm ; $V = 31{,}68\ cm^3$	3	
3.3 (*) ; $\overline{FP_2} = 5{,}65$ cm ; $A = 16{,}95\ cm^2$	4	
3.4 $\overline{BP_n}(x) = \sqrt{9 + x^2}$ cm ; (*) ; $\overline{AP_n}(x)\ \sqrt{x^2 - 12{,}04x + 73}$ cm ; $3x^2 + 12{,}04\,x - 37 = 0$; x = 2,04	6	

(*) - Diese Ergebnisse sind in der Aufgabenstellung als Zwischenergebnisse angegeben !

Lösungen M II 1997 A

	Punkte	Meine Punkte
1.1 $y = 0{,}5 \cdot (x + 2)^2 - 1$; $x^2 + 3x - 10 = 0$; $x = -5 \vee x = 2$; (*); $Q(2 \mid 7)$	4	
1.2 Zeichnen; Tabelle: $(-6 \mid 7)$; $(-5 \mid 3{,}5)$ ...	3	
1.3 Einzeichnen	3	
1.4 $\overline{AM_n}(x) = (x + 5)$ LE; (*); $-0{,}5 \cdot x^2 - 1{,}5x + 5 = 2x + 10$; $\mathbb{L} = \{-2\}$	4	
1.5 $\tan\varphi = 0{,}5$; $\varphi = 26{,}57^\circ$	1	
1.6 $x^2 + 5x = 0$; $\mathbb{L} = \{0\}$; $D_3(0 \mid 6)$	3	
2.1 Zeichnung; $\overline{GB} = 0{,}91$ m; (*)	3	
2.2 $\frac{\varphi}{2} = 51{,}65^\circ$; (*); $\overline{AG} = 1{,}78$ m; $\overline{DH} = 0{,}72$ m; $V_{Boje} = 4{,}76\ m^3$	5	
2.3 $\overline{ED} = 1{,}16$ m; $A = 9{,}04\ m^2$	3	
2.4 Zeichnung; $x^2 - 4{,}34 \cdot x + 2{,}01 = 0$; $x = 0{,}53$; $\overline{DP} = 0{,}53$ m	4	
3.1 Zeichnung; (*); $\overline{QS} = 12{,}78$ cm	2	
3.2 Einzeichnen; $\mu = 45{,}58^\circ$; (*); $\varepsilon' = 30{,}58^\circ$; $\overline{T_1R} = 7{,}28$ cm	3	
3.3 Einzeichnen; $x = 9{,}47$; $\overline{RT_2} = 5{,}60$ cm; $\overline{T_1T_2} = 4{,}66$ cm; $\varphi = 39{,}77^\circ$; $A = 2{,}17\ cm^2$	5	
3.4 (*); $A_o = 71{,}50\ cm^2$; $A' = (71{,}50 - 5{,}60 \cdot x)\ cm^2$; $x = 2{,}95$	4	

Lösungen M II 1997 B

	Punkte	Meine Punkte
1.1 $x^2 - 16x + 64 = 0$; $\mathbb{L} = \{8\}$	3	
1.2 $S(8 \mid 5)$; Zeichnung; Tabelle: $(2 \mid 8)$ ...	4	
1.3 Einzeichnen; $\varepsilon = 75{,}96^\circ$	3	
1.4 (*)	1	
1.5 $m = 0{,}5$; $3{,}75x^2 - 29x + 55 = 0$; $\mathbb{L} = \{3{,}33;\ 4{,}4\}$	5	
2.1 Zeichnung; (*)	3	
2.2 Einzeichnen	1	
2.3 Einzeichnen; (*); $b = 73{,}0$ cm; $\overline{BR} = 117{,}5$ cm	3	
2.4 $A_{Dreieck\ RBD} = 22{,}43\ dm^2$; $A_{Sektor\ DRS} = 15{,}29\ dm^2$; (*)	4	
2.5 $A_{ABCD} = 69{,}60\ dm^2$; $A_{grün} = 40{,}03\ dm^2$; 57,51 %	4	
3.1 Zeichnung	2	
3.2 (*); $\overline{ES} = 12{,}04$ cm; $O = 216{,}98\ cm^2$	4	
3.3 Einzeichnen	1	
3.4 $A_G(x) = (63 + 18x)\ cm^2$; (*)	2	
3.5 $V_{max}(2{,}25) = 198{,}375\ cm^3$	2	
3.6 $x = 2{,}10$; $V_o = 168\ cm^3$; $V(2) = 198{,}24\ cm^3$; 84,75 %	5	

Lösungen M II 1996 A

	Punkte	Meine Punkte
1.1 $S(2\mid 5{,}5)$; Tabelle: $(-4\mid 1)$ ...; Zeichnung	3	
1.2 $x_C = x + 4$; $C_n(x+4\mid -\frac{1}{8}(x+4-2)^2 + 5{,}5)$; (*)	3	
1.3 Zeichnung; $x = 1{,}41$; $D_2(1{,}41\mid 5{,}46)$; $C_2(5{,}41\mid 4{,}05)$	5	
1.4 $A(x) = [(-\frac{3}{8}x^2 - \frac{3}{2}x + 15) + (\frac{1}{4}x^2 + 2x + 10)$ FE; (*)	4	
1.5 $D_3(0\mid 5)$; $A = 25$ FE; $C_4(8\mid 1)$	4	
2.1 Zeichnung; (*)	3	
2.2 Zeichnung	1	
2.3 $\overline{PD} = 4{,}97$ cm; ΔPQR: $A_1 = 36{,}16\ cm^2$; ΔPED: $A_2 = 7{,}46\ cm^2$ Sektor EFD: $\mu = 121{,}10^o$; $A_S = 9{,}51\ cm^2$ Figur: $A = 19{,}19 cm^2$; Prozentualer Anteil: 53,07 %	7	
2.4 Zeichnung; (*); $\overline{EQ} = 8{,}19$ cm; $\varepsilon = 21{,}49^o$	4	
3.1 Zeichnung	1	
3.2 $u = [20 + 5\pi]$ cm	2	
3.3 $V(x) = [1000\pi - \frac{2}{3}x^3\pi - \frac{2}{3}\pi \cdot (-x^3 + 30x^2 - 300x + 1000)]\ cm^3$	4	
3.4 $V(x) = 20\pi \cdot [-(x-5)^2 + \frac{125}{3}]\ cm^3$; (*)	3	
3.5 $V(7{,}5) = 2225{,}29\ cm^3$; $\Delta V = 392{,}70\ cm^3$ (15,00 %)	3	

Lösungen M II 1996 B

	Punkte	Meine Punkte
1.1 Tabelle: $(0\mid 1{,}5)$ . . . ; Zeichnung	3	
1.2 Zeichnung	1	
1.3 $\alpha = 59{,}04^o$	1	
1.4 Für $x = 4{,}5$: $\overline{A_3C_3} = 6{,}125$ LE; $A = 15{,}3125$ FE	5	
1.5 $\overline{A_nB_n} = 5{,}83$ LE; $x^2 - 9x + 19{,}66 = 0$; $\mathbb{L} = \{3{,}73; 5{,}27\}$	3	
1.6 $-0{,}5x^2 + 4{,}5x - 4 = 3$; $C_6(2\mid 0{,}5)$; $C_7(7\mid 8)$	4	
2.1 Zeichnung	2	
2.2 (*); (*)	3	
2.3 $\sphericalangle CBD = 53{,}9^o$; (*); $A = 983{,}6\ m^2 + 1442{,}3\ m^2 = 2425{,}9\ m^2$	4	
2.4 Zeichnung; $\gamma = 39{,}3^o$; $\sphericalangle EMC = 101{,}4^o$; $r = 30{,}4$ m; $A = 1339{,}0\ m^2$	6	
3.1 Zeichnung; (*); (*)	4	
3.2 Zeichnung	1	
3.3 $x = 1{,}90$	3	
3.4 (*); $A_G = 5(11 + x)\ cm^2$; (*)	4	
3.5 $V = 158{,}77\ cm^3$; $x^2 + 4x = 0$; $\mathbb{L} = \emptyset$	3	

Bewertungsschlüssel Mathematik II

Punkte	40 - 47	32 - 39	24 - 31	16 - 23	8 - 15	0 - 7
Note	1	2	3	4	5	6

Tragen Sie hier Ihre erreichten Leistungen ein:

Gesamtpunkte:

Prüfung	99 A	99 B	98 A	98 B	97 A	97 B	96 A	96 B
Punkte	....	....	....	....	....	....	....	....
Note								

Hinweis: Bei einigen Aufgaben sind auch andere Lösungswege möglich.

Für richtige andere Lösungen gelten natürlich ebenfalls die jeweils angegebenen Punkte.

Die Gesamtpunktzahl bei den einzelnen Teilaufgaben darf nicht überschritten werden.

Die maximale Punktezahl einer Abschlussprüfung beträgt jeweils 47 Punkte.

Stellen Sie nun für ein gezieltes Training fest, wo Ihre Stärken (++ , +) oder Ihre Schwächen (- -, -) liegen und tragen Sie zur Übersicht ihre Wertungen in diese Tabelle ein:

+/ -	Themengebiet	99A	99B	98A	98B	97A	97B	96A	96B
	Quadratische Funktion	x	x	x	x	x	x	x	x
	Quadratische Aussageformen	x	x	x	x	x	x	x	x
	Trigonometrie (Ebene) im Koordinatensystem		x	x					x
	Trigonometrie (Ebene) ohne Koordinatensystem	x	x	x	x	x	x	x	x
	Trigonometrie (Raum)	x	x		x		x		x
	Zylinder, Kegel, Kugel	x		x				x	
	Pyramide und Prisma		x		x		x		x
	Flächeninhalt von Figuren	x	x	x	x	x	x	x	x
	Kreis	x	x	x	x	x	x	x	x
	Funktionale Abhängigkeiten	x	x	x	x	x	x	x	x

Bearbeiten Sie nun nochmals die mit - oder - - gekennzeichneten Themengebiete !
Vergleichen Sie nochmals mit dem jeweiligen Lösungsmuster.

Mein Trainingsplan:

Lösungsmuster Mathematik II A 1999

1.0 Gegeben: Parabel p_o mit $y = -0{,}25\,x^2$; S (4 | 2,5) $\mathbb{G} = \mathbb{R} \times \mathbb{R}$

1.1

Zeigen Sie, dass die Parabel p die Gleichung $y = -0{,}25\,x^2 + 2x - 1{,}5$ hat.
Für die Verschiebung einer Parabel p_o mit $y = -0{,}25\,x^2$ mit dem Vektor $\vec{v} = \begin{pmatrix} x_S \\ y_S \end{pmatrix}$ gilt: $y = -0{,}25\,(x - x_S)^2 + y_S$

Einsetzen der Scheitelpunktkoordinaten: $y = -0{,}25\,(x - 4)^2 + 2{,}5$

Umformen:

$$y = -0{,}25\,(x^2 - 8x + 16) + 2{,}5$$
$$y = -0{,}25\,x^2 + 2x - 4 + 2{,}5$$
$$y = -0{,}25\,x^2 + 2x - 1{,}5 \qquad (\mathbb{G} = \mathbb{R} \times \mathbb{R})$$

Bestätigen Sie, dass die Gerade g eine Tangente an die Parabel p ist.
1) Schnittpunktbedingung: $p \cap g$ 2) Tangentenbedingung: Diskriminante D = 0

zu 1) Schnittpunktbedingung:

$$\begin{array}{ll} \text{I.} & y = -0{,}25\,x^2 + 2x - 1{,}5 \\ \text{II.} & \wedge\ y = -x + 7{,}5 \end{array} \qquad \mathbb{G} = \mathbb{R} \times \mathbb{R}$$

Gleichsetzen: I. = II. $\Rightarrow\ -0{,}25\,x^2 + 2x - 1{,}5 = -x + 7{,}5$ $\mathbb{G} = \mathbb{R}$

$$\Leftrightarrow\ -0{,}25\,x^2 + 3x - 9 = 0 \mid \cdot (-4)$$
$$\Leftrightarrow\ x^2 - 12x + 36 = 0$$

zu 2) Tangentenbedingung:

$p = -12$
$\frac{p}{2} = -6$
$q = 36$

$D = (\frac{p}{2})^2 - q$
$D = (-6)^2 - 36$
$D = 0$

D = 0 => 1 Lösung:
Die Parabel und die Gerade berühren sich in einem Punkt.

also: Die Gerade g ist Tangente an die Parabel p.

1.2 Tabelle:

x	-1	0	1	2	3	4	5	6	7	8	9
$-0{,}25\,x^2 + 2x - 1{,}5$	-3,75	-1,5	0,25	1,5	2,25	2,5	2,25	1,5	0,25	-1,5	-3,75

Einzeichnen der Parabel p sowie der Geraden g.

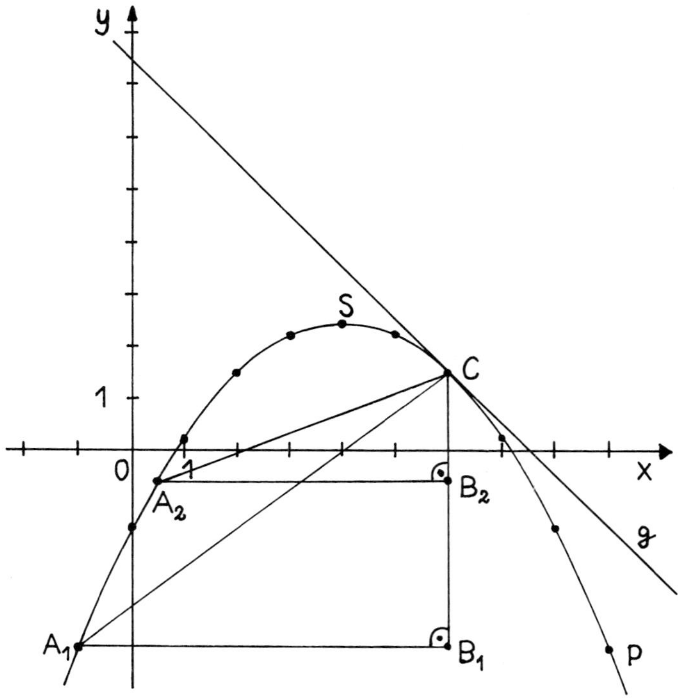

1.3 Einzeichnen der Dreiecke A_1B_1C für x = - 1 und A_2B_2C für x = 0,5 (siehe 1.2)

Bereich für x, für den man Dreiecke A_nB_nC erhält: **$x < 2$ mit $x \in IR$**

Beachten Sie:

- Die Lage des Punktes C ist fest
- Die Punkte A_n und B_n haben dieselbe y-Koordinate: $[A_nB_n] \parallel$ x-Achse

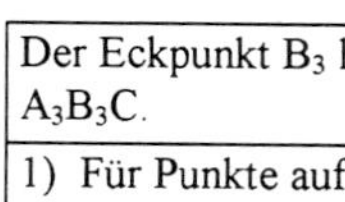

Die Strecken $[A_nB_n]$ dürfen nicht durch C gehen, sie können auch nicht oberhalb von C liegen: Die y-Koordinaten der Punkte A_n müssen daher kleiner sein als die y-Koordinaten des Punktes C.
Für die Punkte B_n gilt: sie liegen auf der gleichen Höhe wie die Punkte A_n und zugleich genau unter dem Punkt C.

1.4 Der Eckpunkt B_3 liegt auf der x-Achse. Ermitteln Sie den Flächeninhalt des Dreiecks A_3B_3C.

1) Für Punkte auf der x-Achse gilt: y = 0

2) Für den Flächenhalt der rechtwinkligen Dreiecke gilt: $A = \frac{1}{2} \cdot a \cdot b$

zu 1) $B_3 \in$ x-Achse: $B_3 (x_B \mid 0)$; da $[A_nB_n] \parallel$ x-Achse, gilt auch: $A_3 \in$ x-Achse

$$\begin{array}{l|l} \text{I.} & y = -0{,}25\,x^2 + 2x - 1{,}5 \\ \text{II.} & \wedge\ y = 0 \end{array} \qquad \mathbb{G} = \mathbb{R} \times \mathbb{R}$$

Gleichsetzen: I. = II. $\Rightarrow \quad -0{,}25\,x^2 + 2x - 1{,}5 = 0 \mid \cdot (-4) \qquad \mathbb{G} = \mathbb{R}$

$\Leftrightarrow \quad x^2 - 8x + 6 = 0$

$p = -8$
$\frac{p}{2} = -4$
$q = 6$

$D = (\frac{p}{2})^2 - q$
$D = (-4)^2 - 6$
$D = 16 - 6 = 10$

$$x_{1,2} = -\frac{p}{2} \pm \sqrt{D}$$

$\Leftrightarrow \quad x_{1,2} = -(-4) \pm \sqrt{10}$

$\Leftrightarrow \quad x_1 = 0{,}84 \quad (\vee \quad x_2 = 7{,}16)$

Für $x < 2$; $x \in \mathbb{R}$ gilt: $\qquad \mathbb{L} = \{0{,}84\}$

Koordinaten des Punktes A_3: $\quad A_3 (0{,}84 \mid 0)$

zu 2) Flächeninhalt des Dreiecks A_3B_3C:

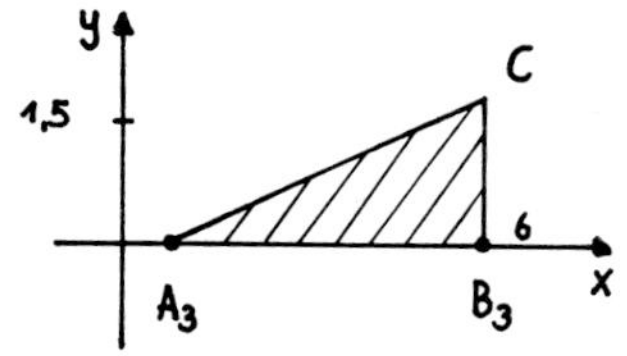

$A = \frac{1}{2} \cdot a \cdot b$

$A = \frac{1}{2} \cdot \overline{A_3B_3} \cdot \overline{B_3C}$

$A = \frac{1}{2} \cdot (6 - 0{,}84)\ \text{LE} \cdot 1{,}5\ \text{LE}$

$A = 3{,}87\ \text{FE}$

1.5	Für welches x hat der Winkel B_4A_4C das Maß $\alpha = 36°$?
	Für die Steigung m eines Pfeils gilt: $\tan \alpha = m$.

Dreieck A_4B_4C: $\overrightarrow{A_nC} = \begin{pmatrix} 6 - x \\ 1{,}5 - y \end{pmatrix}$ mit $\overline{B_4C} = (1{,}5 - y)\ \text{LE}$

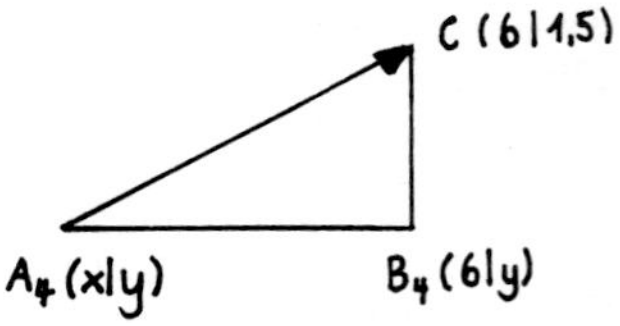

$\overline{B_4C} = [1{,}5 - (-0{,}25\,x^2 + 2x - 1{,}5)]\ \text{LE}$

$\overline{B_4C} = (1{,}5 + 0{,}25\,x^2 - 2x + 1{,}5)\ \text{LE}$

$\overline{B_4C} = (0{,}25\,x^2 - 2x + 3)\ \text{LE}$

und $\quad \overline{A_4B_4} = (6 - x)\ \text{LE}$

Für die Steigung m gilt: $\quad \tan \alpha = \frac{\overline{B_4C}}{A_4B_4} \qquad x < 2$; $x \in \mathbb{R}$

$\tan 36° = \frac{0{,}25x^2 - 2x + 3}{6 - x}$

$\tan 36° (6 - x) = 0{,}25\,x^2 - 2x + 3$

$4{,}36 - 0{,}73\,x = 0{,}25\,x^2 - 2x + 3$

$$0{,}25\,x^2 - 1{,}27\,x - 1{,}36 = 0 \quad | \cdot 4$$

$$\Leftrightarrow \quad x^2 - 5{,}08x - 5{,}44 = 0$$

$p = -5{,}08$
$\frac{p}{2} = -2{,}54$
$q = -5{,}44$

$D = (\frac{p}{2})^2 - q$
$D = (-2{,}54)^2 - (-5{,}44)$
$D = 11{,}89$

$$x_{1,2} = -\frac{p}{2} \pm \sqrt{D}$$

$$\Leftrightarrow \quad x_{1,2} = -(-2{,}54) \pm \sqrt{11{,}89}$$

$$\Leftrightarrow \quad x_1 = -0{,}92 \quad (\vee \quad x_2 = 6)$$

Für $x < 2$; $x \in \mathbb{R}$ gilt: $\mathbb{L} = \{-0{,}92\}$

2.1 Zeichnen des Vierecks PQRS im Maßstab 1 : 1000

(d.h. 1 cm in der Zeichnung entspricht 1000 cm = 10 m in der Wirklichkeit)

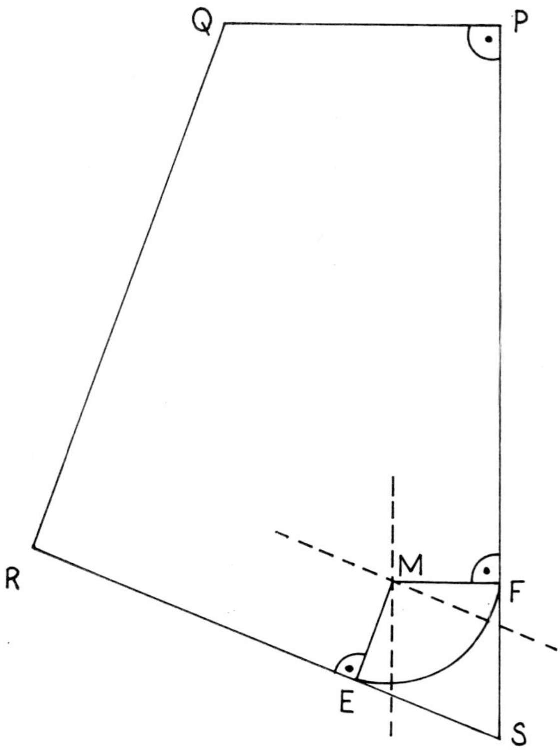

2.2

Berechnen Sie die Länge der Strecke [PR].
Lösung mit dem Kosinussatz im beliebigen Dreieck RSP.

$$\overline{PR}^2 = \overline{SR}^2 + \overline{SP}^2 - 2 \cdot \overline{SR} \cdot \overline{SP} \cdot \cos 68°$$

$$\overline{PR} = \sqrt{95^2 + 135^2 - 2 \cdot 95 \cdot 135 \cdot \cos 68°}\ \text{m}$$

$$\overline{PR} = 132{,}8\ \text{m}$$

Berechnen Sie die Länge der Strecke [QR].
1) Ermittlung von ε = < RPS
2) Berechnung von $\overline{QR}$ mit dem Sinussatz im beliebigen Dreieck RSP.

zu 1) ε = ∢ RPS mit 0° < ε < 112°

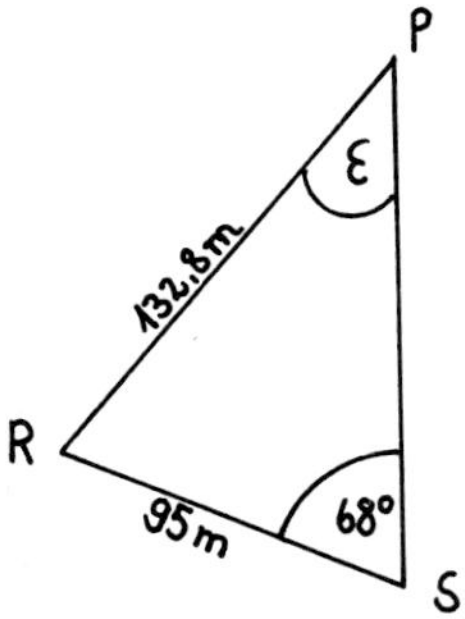

Sinussatz:

$$\frac{\overline{SR}}{\sin \varepsilon} = \frac{\overline{PR}}{\sin 68°}$$

$$\frac{\sin \varepsilon}{\overline{SR}} = \frac{\sin 68°}{\overline{PR}}$$

$$\sin \varepsilon = \frac{\overline{SR}}{\overline{PR}} \cdot \sin 68°$$

$$\sin \varepsilon = \frac{95\text{m}}{132{,}8\text{m}} \cdot \sin 68° \quad (= 0{,}66)$$

$$\varepsilon = 41{,}5° \ (\vee\ \varepsilon = 138{,}5°)$$

zu 2)

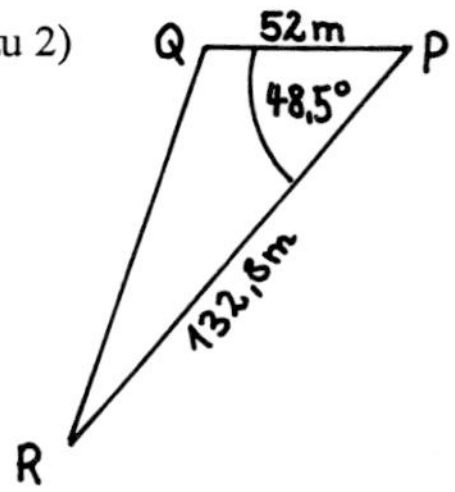

$$∢\, QPR = 90° - \varepsilon$$

$$∢\, QPR = 90° - 41{,}5°$$

$$∢\, QPR = 48{,}5°$$

$$\overline{QR}^2 = \overline{PQ}^2 + \overline{PR}^2 - 2 \cdot \overline{PQ} \cdot \overline{PR} \cdot \cos 48{,}5°$$

$$\overline{QR} = \sqrt{52^2 + 132{,}8^2 - 2 \cdot 52 \cdot 132{,}8 \cdot \cos 48{,}5°}\ \text{m}$$

$$\overline{QR} = 105{,}8\ \text{m}$$

Berechnen Sie das Maß φ des Winkels RQP.
Berechnung von φ mit dem Kosinussatz im beliebigen Dreieck RPQ.

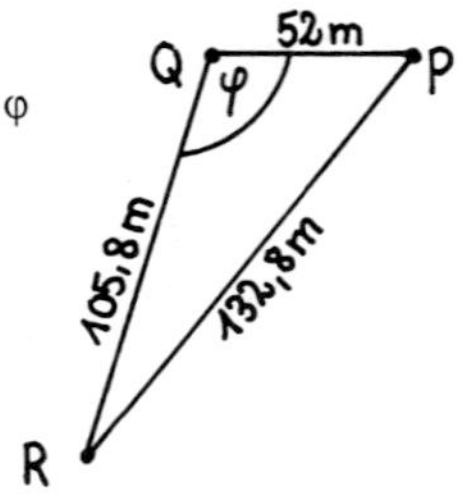

0° < φ < 131,5°

$$\overline{PR}^2 = \overline{QR}^2 + \overline{PQ}^2 - 2 \cdot \overline{QR} \cdot \overline{PQ} \cdot \cos \varphi$$

$$\cos \varphi = \frac{\overline{QR}^2 + \overline{PQ}^2 - \overline{PR}^2}{2 \cdot \overline{QR} \cdot \overline{PQ}}$$

$$\cos \varphi = \frac{105{,}8^2 + 52^2 - 132{,}8^2}{2 \cdot 105{,}8 \cdot 52}$$

$$\varphi = 109{,}9°$$

2.3 Einzeichnen des Bogens $\widehat{EF}$ (siehe 2.1)
Hinweis: M ist der Schnittpunkt zweier Geraden g und h mit g $\parallel$ [SR] und h $\parallel$ [SP].

Berechnen Sie die Länge des Kreisbogens $\widehat{EF}$.
1) Ermittlung des Mittelpunktwinkels μ 2) Für die Bogenlänge gilt: $b = \frac{2r\pi}{360°} \cdot \mu$

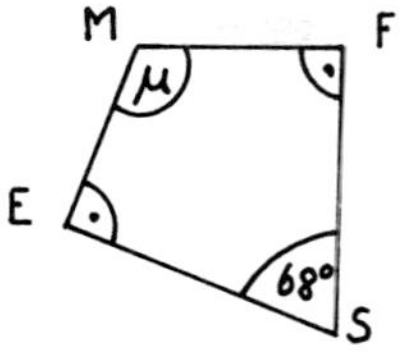

zu 1) $\mu = \sphericalangle EMF$

$\mu = 180° - 68°$

$\mu = 112°$

zu 2) Länge des Kreisbogens $\widehat{EF}$:

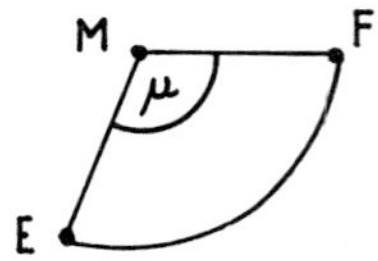

$$\widehat{EF} = \frac{2r\pi}{360°} \cdot \mu$$

$$\widehat{EF} = \frac{2 \cdot 20\,m \cdot \pi}{360°} \cdot 112°$$

$$\widehat{EF} = 39{,}1\ m$$

Die Länge des Kreisbogens beträgt 39,1 m.

2.4

Berechnen Sie den Inhalt A des angegebenen Teilstücks.
Für den Flächeninhalt A gilt: $A = A_{ESFM} - A_{Sektor\ MEF}$

Berechnung von $\overline{FS}$:

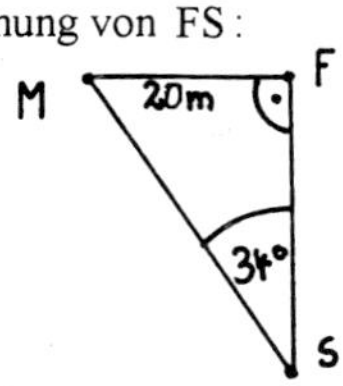

$$\tan 34° = \frac{20\,m}{\overline{FS}}$$

$$\overline{FS} = \frac{20\,m}{\tan 34°}$$

$$\overline{FS} = 29{,}7\ m$$

Flächeninhalt des Vierecks ESFM:

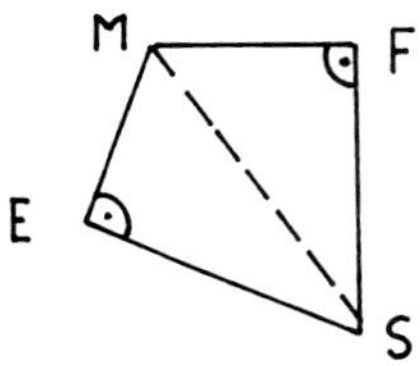

$$A_{ESFM} = 2 \cdot A_{\Delta MSF}$$

$$A_{ESFM} = 2 \cdot \frac{1}{2} \cdot \overline{FS} \cdot \overline{MF}$$

$$A_{ESFM} = 2 \cdot \frac{1}{2} \cdot 29{,}7\ m \cdot 20\ m$$

$$A_{ESFM} = 594{,}0\ m^2$$

Flächeninhalt des Kreissektors MEF:

$$A_{Sektor\ MEF} = \frac{r^2\pi}{360°} \cdot \mu$$

$$A_{Sektor\ MEF} = \frac{(20\,m)^2 \cdot \pi}{360°} \cdot 112°$$

$$A_{Sektor\ MEF} = 391{,}0\ m^2$$

Berechnung des Flächeninhaltes des Teilstücks: $A = A_{ESFM} - A_{Sektor\ MEF}$

$A = 594{,}0\ m^2 - 391{,}0\ m^2$

$A = 203{,}0\ m^2$

2.5	Um wie viel Prozent wird das ursprüngliche Grundstück PQRS kleiner ?
	1) Berechnung des Flächeninhalts des Vierecks PQRS 2) $p\ (in\ \%) = \frac{A}{A_{PQRS}} \cdot 100\ \%$

zu 1) Flächeninhalt des Vierecks PQRS:

$A_{PQRS} = A_{\Delta QRP} + A_{\Delta RSP}$

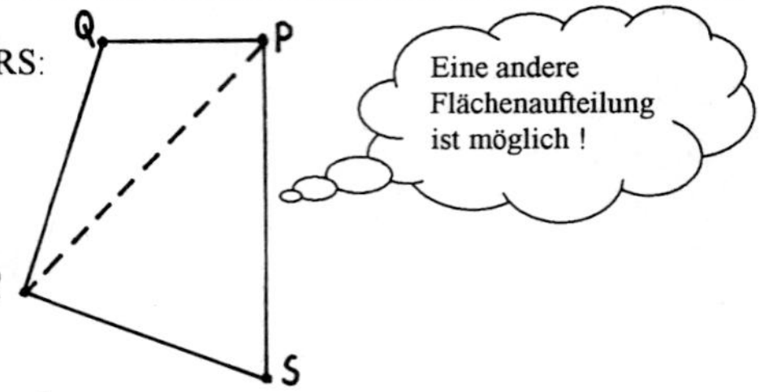

$A_{PQRS} = \frac{1}{2} \cdot \overline{QP} \cdot \overline{PR} \cdot \sin \varepsilon + \frac{1}{2} \cdot \overline{SR} \cdot \overline{SP} \cdot \sin 68°$

$A_{PQRS} = \frac{1}{2} \cdot 52\ m \cdot 132{,}8\ m \cdot \sin 48{,}5° + \frac{1}{2} \cdot 95\ m \cdot 135\ m \cdot \sin 68°$

$A_{PQRS} = 2586{,}0\ m^2 + 5945{,}6\ m^2$

$A_{PQRS} = 8531{,}6\ m^2$

zu 2) Prozentangabe: $p = \frac{203{,}0\ m^2}{8531{,}6\ m^2} \cdot 100\ \% = 2{,}4\ \%$

3.1 Zeichnen des Dreiecks ABC, der Strecke [DE] und des Halbkreises

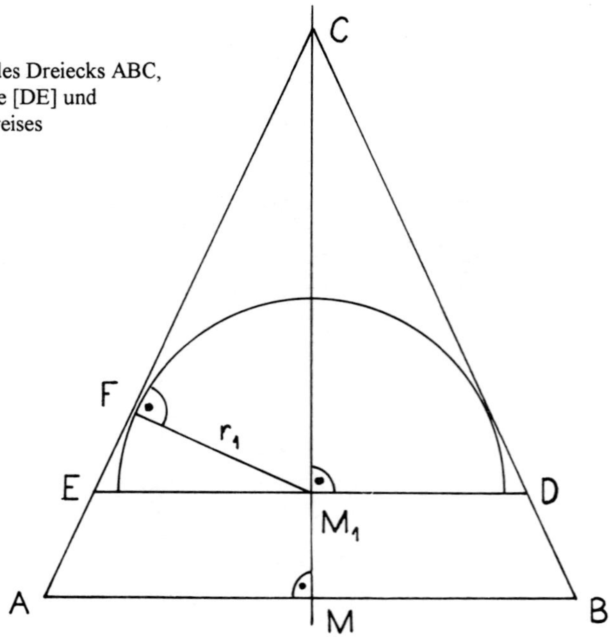

Berechnen Sie die Länge der Strecke [MC].
Im rechtwinkligen Dreieck AMC gilt: $\tan\ 25° = \frac{\text{Länge der Gegenkathete}}{\text{Länge der Ankathete}}$

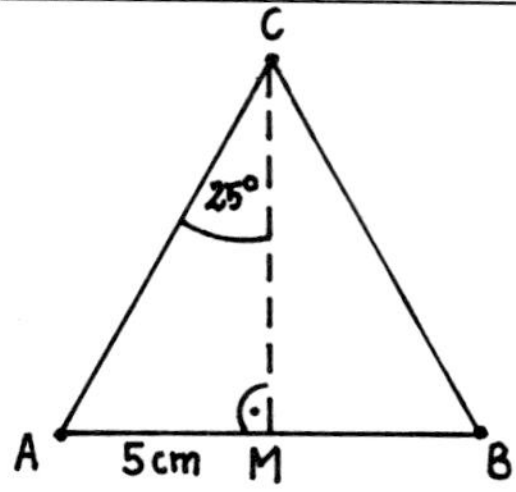

$$\tan 25° = \frac{\overline{AM}}{\overline{MC}}$$

$$\overline{MC} = \frac{\overline{AM}}{\tan 25°}$$

$$\overline{MC} = \frac{5\text{ cm}}{\tan 25°}$$

$$\overline{MC} = 10{,}72\text{ cm}$$

3.2

Berechnen Sie den Radius r_1 des Halbkreises.
Im rechtwinkligen Dreieck FM_1C gilt: $\tan\ 25° = \frac{\text{Länge der Gegenkathete}}{\text{Länge der Ankathete}}$

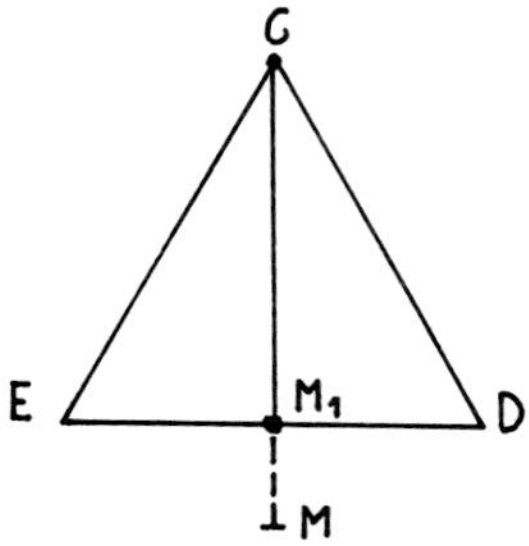

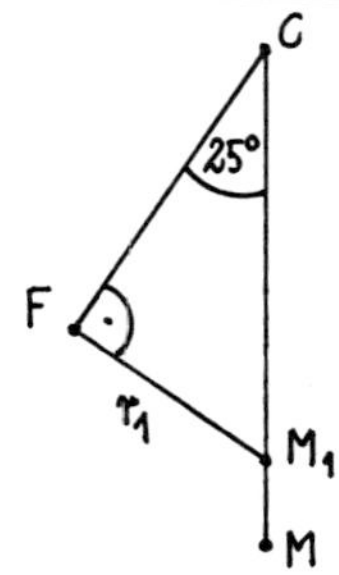

mit $\overline{M_1C} = \overline{MC} - \overline{MM_1}$

$$\overline{M_1C} = 10{,}72\text{ cm} - 2\text{ cm}$$

$$\overline{M_1C} = 8{,}72\text{ cm}$$

$$\sin 25° = \frac{r_1}{\overline{M_1C}}$$

$$r_1 = \overline{M_1C} \cdot \sin 25°$$

$$r_1 = 8{,}72\text{ cm} \cdot \sin 25°$$

$$r_1 = 3{,}69\text{ cm}$$

3.3

Berechnen Sie das Volumen des entstehenden Rotationskörpers.
$V = (V_{Kegel\ 1} - V_{Kegel\ 2}) + V_{Halbkugel}$

Rotation des Trapezes:

$$V = V_{Kegel\ 1} - V_{Kegel\ 2}$$

Volumen des Kegels 1 (groß):

$$V = \frac{1}{3} \cdot r^2 \cdot \pi \cdot h$$

$$V_{Kegel\ 1} = \frac{1}{3} \cdot (5\text{ cm})^2 \cdot \pi \cdot 10{,}72\text{ cm}$$

$$V_{Kegel\ 1} = 280{,}65\text{cm}^3$$

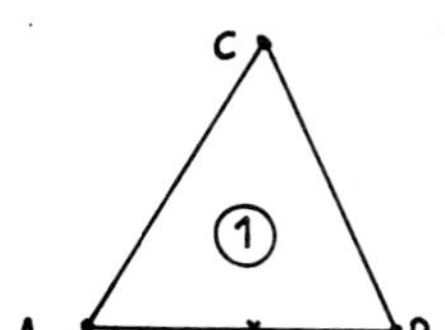

Berechnung von $\overline{EM_1}$:

$$\tan 25° = \frac{\overline{EM_1}}{\overline{M_1C}}$$
$$\overline{EM_1} = \overline{M_1C} \cdot \tan 25°$$
$$\overline{EM_1} = 8{,}72\text{ cm} \cdot \tan 25°$$
$$\overline{EM_1} = 4{,}07\text{ cm}$$

Volumen des Kegels 2 (klein):

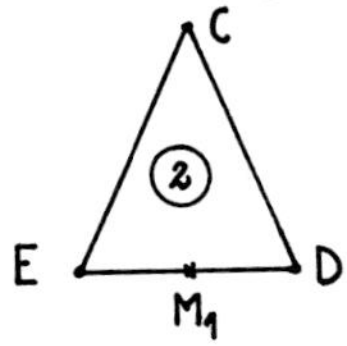

$$V = \frac{1}{3} \cdot r^2 \cdot \pi \cdot h$$
$$V_{\text{Kegel 2}} = \frac{1}{3} \cdot (4{,}07\text{ cm})^2 \cdot \pi \cdot 8{,}72\text{ cm}$$
$$V_{\text{Kegel 2}} = 151{,}26\text{cm}^3$$

Volumen der Halbkugel:

$$V_{\text{Halbkugel}} = \frac{1}{2} \cdot \frac{4}{3} \cdot r^3 \cdot \pi$$
$$V_{\text{Halbkugel}} = \frac{2}{3} \cdot (3{,}69\text{ cm})^3 \cdot \pi$$
$$V_{\text{Halbkugel}} = 105{,}23\text{ cm}^3$$

Volumen des Rotationskörpers:

$$V = (V_{\text{Kegel 1}} - V_{\text{Kegel 2}}) + V_{\text{Halbkugel}}$$
$$V = (280{,}65\text{cm}^3 - 151{,}26\text{cm}^3) + 105{,}23\text{ cm}^3$$
$$V = 234{,}62\text{ cm}^3$$

3.4	Berechnen Sie die Oberfläche A des entstehenden Rotationskörpers.
	$A = (O_{\text{Kegel 1}} - A_{\text{Mantelfläche Kegel 2}}) + A_{\text{Kreisring}} + A_{\text{Halbkugel}}$

Berechnung von $\overline{AC}$:

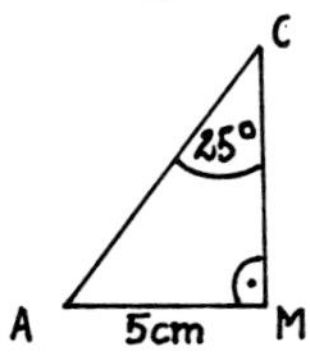

$$\sin 25° = \frac{5\text{cm}}{\overline{AC}}$$
$$\overline{AC} = \frac{5\text{cm}}{\sin 25°}$$
$$\overline{AC} = 11{,}83\text{ cm}$$

Oberfläche des Kegels 1 (groß):

$$O = r^2 \cdot \pi + r \cdot \pi \cdot m = r \cdot \pi \cdot (r + m)$$

$$O_{\text{Kegel 1}} = \overline{AM} \cdot \pi \cdot (\overline{AM} + \overline{AC})$$
$$O_{\text{Kegel 1}} = 5\text{ cm} \cdot \pi \cdot (5\text{ cm} + 11{,}83\text{ cm})$$
$$O_{\text{Kegel 1}} = 264{,}37\text{ cm}^2$$

Berechnung von $\overline{CE}$:

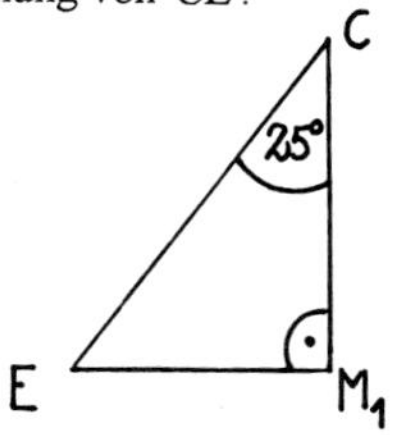

$$\cos 25° = \frac{\overline{M_1C}}{\overline{CE}}$$

$$\overline{CE} = \frac{\overline{M_1C}}{\cos 25°}$$

$$\overline{CE} = \frac{8{,}72\,\text{cm}}{\cos 25°}$$

$$\overline{CE} = 9{,}62\ \text{cm}$$

Mantelfläche des Kegels 2 (klein):

$$A = r \cdot \pi \cdot m$$

$$A_{\text{Mantelfläche Kegel 2}} = \overline{EM_1} \cdot \pi \cdot \overline{CE}$$

$$A_{\text{Mantelfläche Kegel 2}} = 4{,}07\ \text{cm} \cdot \pi \cdot 9{,}62\ \text{cm}$$

$$A_{\text{Mantelfläche Kegel 2}} = 123{,}00\ \text{cm}^2$$

Flächeninhalt des Kreisrings:

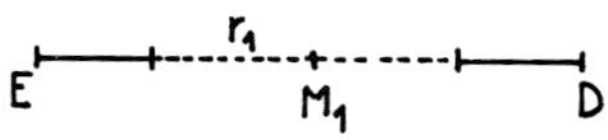

$$A_{\text{Kreisring}} = \overline{EM_1}^2 \cdot \pi - r_1^2 \cdot \pi$$

$$A_{\text{Kreisring}} = (4{,}07\ \text{cm})^2 \cdot \pi - (3{,}69\ \text{cm})^2 \cdot \pi$$

$$A_{\text{Kreisring}} = 9{,}26\ \text{cm}^2$$

Oberfläche der Halbkugel:

$$A_{\text{Halbkugel}} = \frac{1}{2} \cdot 4 \cdot r^2 \cdot \pi$$

$$A_{\text{Halbkugel}} = 2 \cdot (3{,}69\ \text{cm})^2 \cdot \pi$$

$$A_{\text{Halbkugel}} = 85{,}55\ \text{cm}^2$$

Oberfläche des Rotationskörpers:

$$A = (O_{\text{Kegel 1}} - A_{\text{Mantelfläche Kegel 2}}) + A_{\text{Kreisring}} + A_{\text{Halbkugel}}$$

$$A = (264{,}37\ \text{cm}^2 - 123{,}00\ \text{cm}^2) + 9{,}26\ \text{cm}^2 + 85{,}55\ \text{cm}^2$$

$$A = 236{,}18\ \text{cm}^2$$

Lösungsmuster Mathematik II B 1999

1.1

Ermitteln Sie die Gleichung der Parabel p.
Die Punkte R und T liegen auf dem Graphen zu p mit $y = 0{,}25 \cdot x^2 + bx + c$

$(b \mid c) \in \mathbb{R} \times \mathbb{R}$

Punkt R (0 | 2) $\in$ p: I. $2 = 0{,}25 \cdot 0^2 + b \cdot 0 + c$

Punkt T (10 | 7) $\in$ p: II. $\wedge\ 7 = 0{,}25 \cdot 10^2 + b \cdot 10 + c$

I'. $2 = 0 + 0 + c$

<=> II'. $\wedge\ 7 = 25 + 10b + c$

Einsetzen: c = 2 in II'. => $7 = 25 + 10b + 2$

<=> $-20 = 10b$

<=> $b = -2$ $\mathbb{L} = \{(-2 \mid 2)\}$

Tabelle:

x	- 1	0	1	2	3	4	5	6	7	8	9	10
$0{,}25x^2 - 2x + 2$	4,25	2	0,25	-1	-1,75	- 2	- 1,75	- 1	0,25	2	4,25	7

Einzeichen der Parabel p und der Geraden g

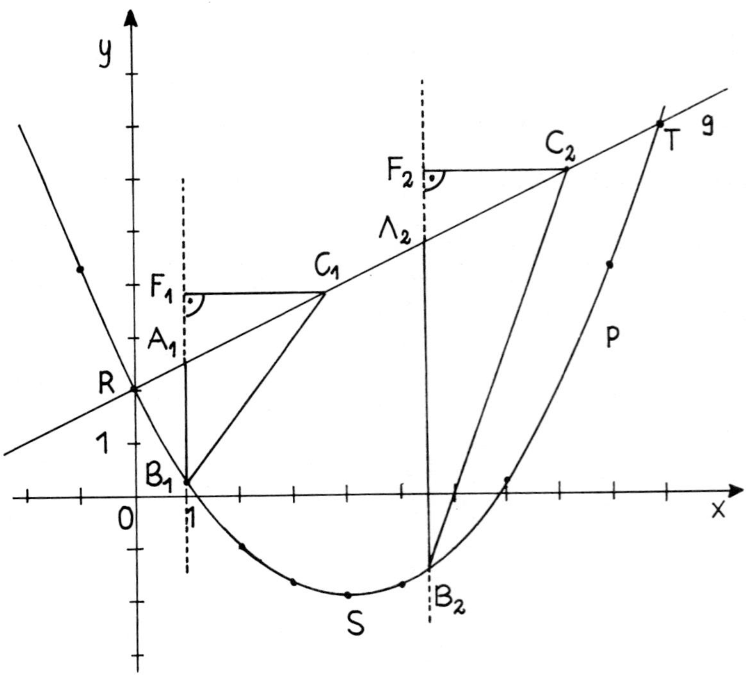

1.2 Einzeichnen der Dreiecke $A_1B_1C_1$ für x = 1 und $A_2B_2C_2$ für x = 5,5 (siehe 1.1)

Zeigen Sie durch Rechnung, dass für alle Winkel $B_nA_nC_n$ gilt: α = 116,57°
Für den Neigungswinkel einer Geraden g mit y = mx + t gilt: tan α = m

Gerade g mit y = 0,5 x + 2 $\qquad$ 90° < α < 180°

$m = 0{,}5$
$\tan\alpha' = m$
$\tan\alpha' = 0{,}5$
$\alpha' = 26{,}57°$

$\alpha = \alpha' + 90°$
$\alpha = 26{,}57° + 90°$
$\alpha = 116{,}57°$

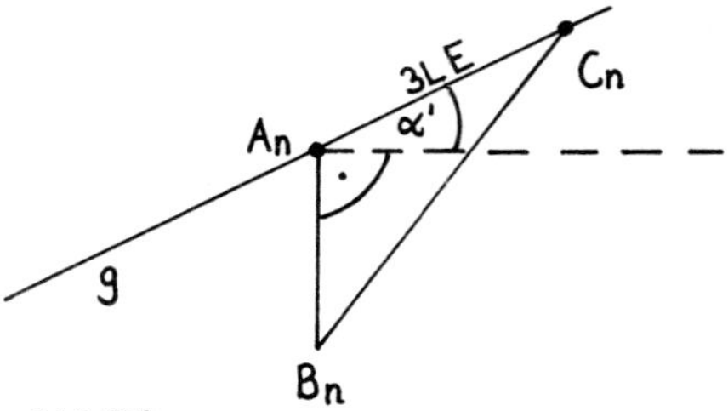

oder: $\tan(\alpha - 90°) = 0{,}5$; $\alpha = 116{,}57°$

1.3

Stellen Sie die Streckenlängen $\overline{A_nB_n}(x)$ in Abhängigkeit von x der Punkte A_n dar.
Für Punkte A_n und B_n mit derselben Abszisse x gilt: $\overline{A_nB_n} = (y_{B_n} - y_{A_n})$ LE

$\overline{A_nB_n}(x) = [0{,}5x + 2 - (0{,}25x^2 - 2x + 2)]$ LE $\qquad 0 < x < 10$; $x \in \mathbb{R}$
$\overline{A_nB_n}(x) = [0{,}5x + 2 - 0{,}25x^2 + 2x - 2]$ LE
$\overline{A_nB_n}(x) = (-0{,}25x^2 + 2{,}5x)$ LE

Berechnen Sie für die gleichschenkligen Dreiecke die zugehörigen x-Koordinaten der Punkte A_3 und A_4.
Für gleichschenklige Dreiecke mit der Basis $[B_nC_n]$ gilt: $\overline{A_nB_n} = \overline{A_nC_n}$

$\overline{A_nB_n} = (-0{,}25x^2 + 2{,}5x)$ LE (siehe Teilergebnis in 1.3)
$\overline{A_nC_n} = 3$ LE (siehe Angabe zu 1.2)

$0 < x < 10$; $x \in \mathbb{R}$

$$\overline{A_nB_n} = \overline{A_nC_n}$$
$$-0{,}25 \cdot x^2 + 2{,}5x = 3$$
$$\Leftrightarrow \quad -0{,}25 \cdot x^2 + 2{,}5x - 3 = 0 \qquad | \cdot (-4)$$
$$\Leftrightarrow \quad x^2 - 10x + 12 = 0$$

$p = -10$
$\frac{p}{2} = -5$
$q = 12$

$D = (\frac{p}{2})^2 - q$
$D = (-5)^2 - 12$
$D = 25 - 12 = 13$

$x_{1,2} = -\frac{p}{2} \pm \sqrt{D}$

$\Leftrightarrow \quad x_{1,2} = -(-5) \pm \sqrt{13}$

$\Leftrightarrow \quad x_1 = 1{,}39 \vee x_2 = 8{,}61$

Für $0 < x < 10$; $x \in \mathbb{R}$ gilt: $\quad \mathbb{L} = \{1{,}39 ;\ 8{,}61\}$

[Koordinaten der Eckpunkte:] $\quad A_3(1{,}39 \mid 0{,}5 \cdot 1{,}39 + 2)$; $A_3(1{,}39 \mid 2{,}70)$

$A_4(8{,}61 \mid 0{,}5 \cdot 8{,}61 + 2)$; $A_3(8{,}61 \mid 6{,}31)$

1.4 Einzeichnen der Lotstrecken $[C_1F_1]$ und $[C_2F_2]$ (siehe 1.1)

Zeigen Sie rechnerisch, dass stets gilt: $\overline{C_nF_n} = 2{,}68$ LE
Die Länge der Lotstrecken kann im rechtwinkligen Dreieck $A_nC_nF_n$ ermittelt werden.

$\alpha^* = 180° - \alpha$

$\alpha^* = 180° - 116{,}57°$

$\alpha^* = 63{,}43°$

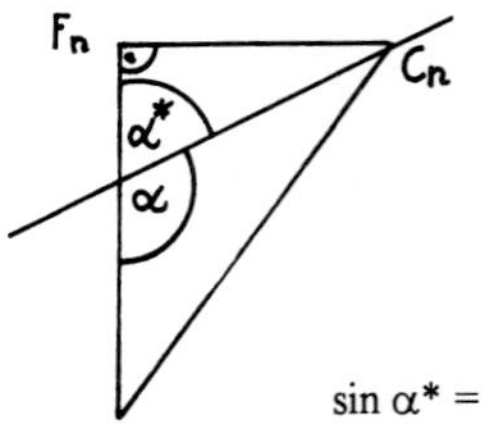

Im Dreieck $A_nC_nF_n$ gilt:

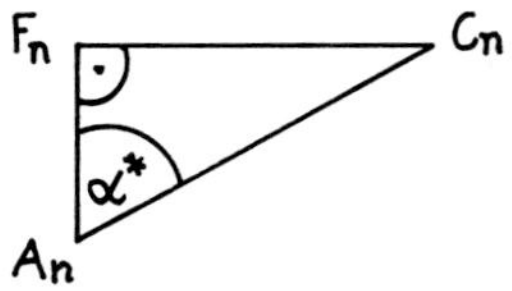

$\sin \alpha^* = \dfrac{\overline{C_nF_n}}{\overline{A_nC_n}}$

$\overline{C_nF_n} = \overline{A_nC_n} \cdot \sin \alpha^*$

$\overline{C_nF_n} = 3 \text{ LE} \cdot \sin 63{,}43°$

$\overline{C_nF_n} = 2{,}68 \text{ LE}$

oder mit einem Ansatz: $\quad \sin(180° - 116{,}57°) = \dfrac{\overline{C_nF_n}}{3 \text{ LE}}$; $\quad \overline{C_nF_n} = 2{,}68 \text{ LE}$

1.5

Bestimmen Sie den Flächeninhalt A (x) der Dreiecke $A_nB_nC_n$ in Abhängigkeit von der Abszisse x der Punkte A_n.
Für den Flächeninhalt der Dreiecke gilt: $A = \frac{1}{2} \cdot \overline{A_nB_n} \cdot \overline{C_nF_n}$

$A(x) = \frac{1}{2} \cdot \overline{A_nB_n}(x) \cdot \overline{C_nF_n} \qquad 0 < x < 10 ; x \in \mathbb{R}$

$A(x) = \frac{1}{2} \cdot (-0{,}25 \cdot x^2 + 2{,}5x) \text{ LE} \cdot 2{,}68 \text{ LE}$

$A(x) = 1{,}34 \cdot (-0{,}25 \cdot x^2 + 2{,}5x) \text{ FE}$

$A(x) = (-0{,}335 \cdot x^2 + 3{,}35x) \text{ FE}$

Das Dreieck $A_0B_0C_0$ besitzt den größtmöglichen Flächeninhalt. Berechnen Sie den zugehörigen Wert für x und geben Sie A_{max} an.
Extremwertbestimmung durch Quadratische Ergänzung

$$T(x) = -0{,}335\,x^2 + 3{,}35\,x \qquad |:(-0{,}335) \qquad 0 < x > 10\,;\ x \in \mathbb{R}$$

$$\Leftrightarrow \quad \frac{1}{-0{,}335} \cdot T(x) = x^2 - 10x$$

$$\Leftrightarrow \quad \frac{1}{-0{,}335} \cdot T(x) = x^2 - 10\,x + 5^2 - 5^2$$

$$\Leftrightarrow \quad \frac{1}{-0{,}335} \cdot T(x) = (x - 5)^2 - 25 \qquad | \cdot (-0{,}335)$$

$$\Leftrightarrow \quad T(x) = -0{,}335\,(x - 5)^2 + 8{,}375$$

Flächeninhalt: $A(x) = [-0{,}335\,(x - 5)^2 + 8{,}375]$ FE ; $A_{max}(5) = 8{,}375$ FE

Für x = 5 erhält man den größtmöglichen Flächeninhalt $A_{max} = 8{,}375$ FE

2.1 Zeichnen des Grundrisses im Maßstab 1 : 100
(1 cm in der Zeichnung entsprechen 100 cm = 1 m in der Wirklichkeit)

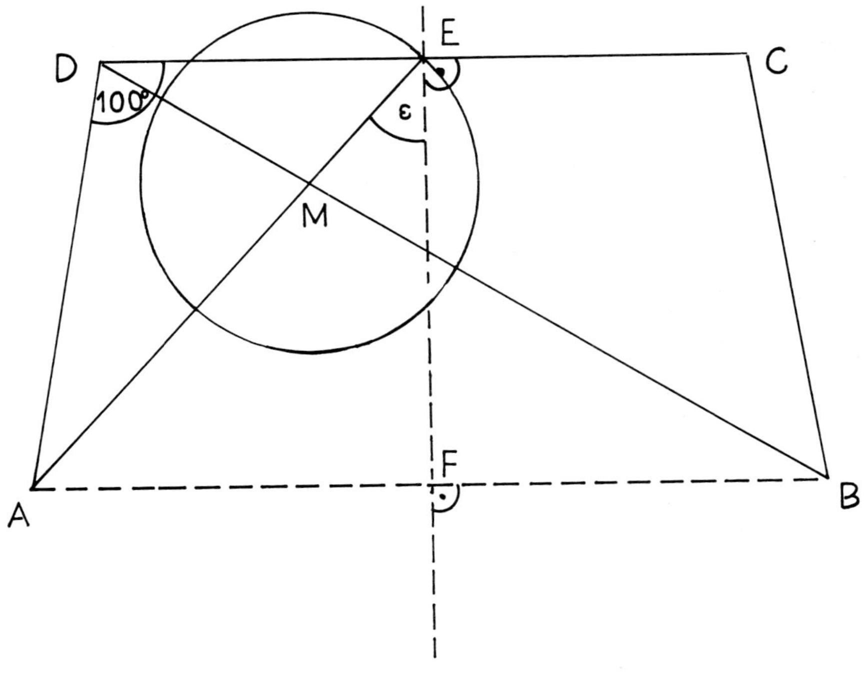

Berechnen Sie den Radius $\overline{EA}$ des Kreisbogens $\widehat{AB}$.
Im rechtwinkligen Dreieck AFE gilt der Satz des Pythagoras

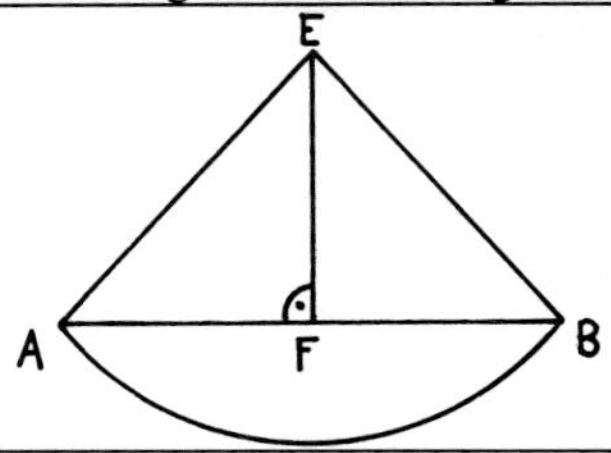

$$\overline{EA}^2 = \overline{AF}^2 + \overline{EF}^2$$
$$\overline{EA}^2 = (7{,}5\ \text{m})^2 + (8{,}0\ \text{m})^2$$
$$\overline{EA}^2 = 120{,}25\ \text{m}^2$$
$$\overline{EA} = 11{,}0\ \text{m}$$

auf 1 Stelle runden !

Berechnen Sie das Maß ε des Winkels AEF .
Im rechtwinkligen Dreieck AFE gilt: $\tan \varepsilon = \dfrac{\text{Länge der Gegenkathete}}{\text{Länge der Ankathete}}$

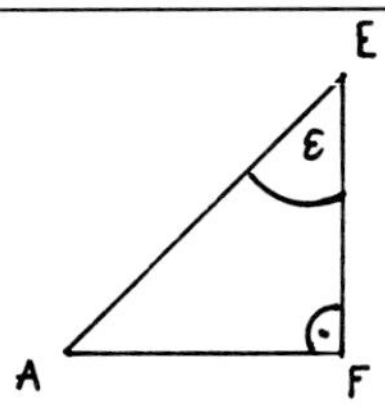

$$\tan \varepsilon = \frac{\overline{AF}}{\overline{EF}}$$
$$\tan \varepsilon = \frac{7{,}5\text{m}}{8{,}0\text{m}}$$
$$\varepsilon = 43{,}2°$$

2.2

Berechnen Sie den Umfang des Beckens.
1) Berechnung der Länge des Bogens $\widehat{AB}$
2) Berechnung der Streckenlänge $\overline{AD}$
3) Berechnung der Streckenlänge $\overline{DE}$
4) Für den Umfang u gilt: $u = AB + 2 \cdot \overline{AD} + \overline{DC}$

zu 1) Länge b des Bogens $\widehat{AB}$:

$$b = \frac{2 r \pi}{360°} \cdot \varphi$$
$$b = \frac{2 \cdot \overline{EA} \cdot \pi}{360°} \cdot 2\varepsilon$$
$$b = \frac{2 \cdot 11{,}0\text{m} \cdot \pi}{360°} \cdot 2 \cdot 43{,}2°$$
$$b = 16{,}6\ \text{m}$$

zu 2) Berechnung von $\overline{AD}$

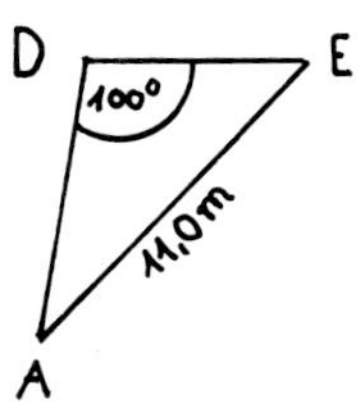

Sinussatz im Dreieck AED:

$$\frac{\overline{EA}}{\sin 100°} = \frac{\overline{AD}}{\sin(90° - \varepsilon)}$$
$$\overline{AD} = \overline{EA} \cdot \frac{\sin(90° - \varepsilon)}{\sin 100°}$$
$$\overline{AD} = 11{,}0\ \text{m} \cdot \frac{\sin(90° - 43{,}2°)}{\sin 100°}$$
$$\overline{AD} = 8{,}1\ \text{m}$$

zu 3) Berechnung von $\overline{DC}$ mit

$\overline{DC} = 2 \cdot \overline{DE}$

$\overline{DC} = 2 \cdot 6{,}1\ m = 12{,}2\ m$

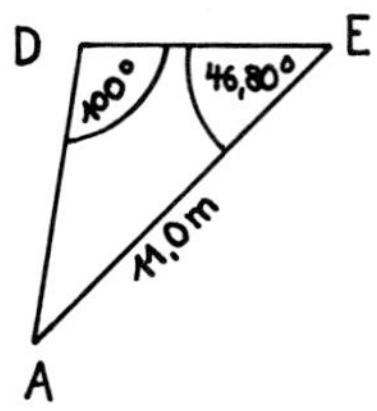

Sinussatz im Dreieck AED:

$$\frac{\overline{EA}}{\sin 100°} = \frac{\overline{DE}}{\sin(180° - (100° + 46{,}8°))}$$

$$\overline{DE} = \overline{EA} \cdot \frac{\sin 33{,}2°}{\sin 100°}$$

$$\overline{DE} = 11{,}0\ m \cdot \frac{\sin 33{,}2°}{\sin 100°}$$

$$\overline{DE} = 6{,}1\ m$$

zu 4) Für den Umfang u gilt:

$$u = \widehat{AB} + 2 \cdot \overline{AD} + \overline{DC}$$

$$u = 16{,}6\ m + 2 \cdot 8{,}1\ m + 12{,}2\ m$$

$$u = 45{,}0\ m$$

2.3 Einzeichnen des Kreises k (siehe 2.1)

Berechnen Sie den Radius $\overline{ME}$.
Lösung mit Hilfe des Vierstreckensatzes

Der Schnittpunkt M der Diagonalen ist das Zentrum einer zentrischen Streckung.
[DE] || [AB]. Mit $r = \overline{ME} = x$ cm und $x \in IR^+$ gilt:

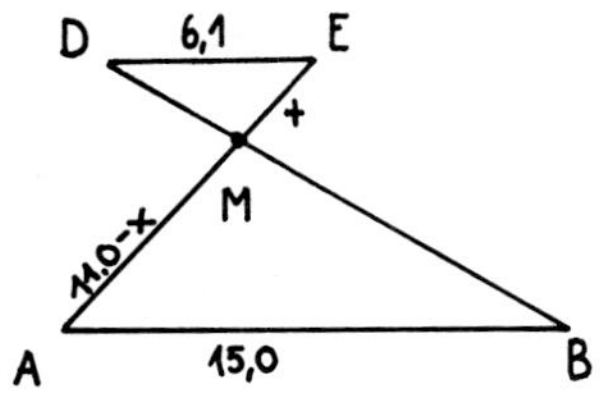

$$\frac{\overline{DE}}{\overline{AB}} = \frac{\overline{ME}}{\overline{AM}}$$

$$\frac{6{,}1}{15{,}0} = \frac{x}{11{,}0 - x}$$

$$\Leftrightarrow \quad 6{,}1 \cdot (11{,}0 - x) = 15{,}0 \cdot x$$

$$\Leftrightarrow \quad 67{,}1 - 6{,}1\,x = 15{,}0\,x$$

$$\Leftrightarrow \quad 21{,}1\,x = 67{,}1$$

$$\Leftrightarrow \quad x = 3{,}2$$

also: $\overline{ME} = 3{,}2\ m$

2.4

Berechnen Sie den Flächeninhalt des angegebenen Bereichs.
Für die vorliegende Segmentfläche gilt: $A = A_{Sektor\ GME} - A_{\Delta GME}$

$\sphericalangle GME = 2\,\varepsilon$

Flächeninhalt des Kreissektors GME:

$$A_{Sektor\ GME} = \frac{\overline{ME}^2\,\pi}{360°} \cdot 2\,\varepsilon$$

$$A_{Sektor\ GME} = \frac{(3{,}2\,m)^2 \cdot \pi}{360°} \cdot 2 \cdot 43{,}2°$$

$$A_{Sektor\ GME} = 7{,}7\ m^2$$

Flächeninhalt des Dreiecks GME:

$$A_{\Delta GME} = \frac{1}{2} \cdot \overline{ME} \cdot \overline{GM} \cdot \sin 2\varepsilon$$

$$A_{\Delta GME} = \frac{1}{2} \cdot 3{,}2\ \text{m} \cdot 3{,}2\ \text{m} \cdot \sin 86{,}4°$$

$$A_{\Delta GME} = 5{,}1\ \text{m}^2$$

Flächeninhalt des Bereichs:

$$A = A_{\text{Sektor GME}} - A_{\Delta GME}$$

$$A = 7{,}7\ \text{m}^2 - 5{,}1\ \text{m}^2$$

$$A = 2{,}6\ \text{m}^2$$

3.1 Zeichnen des Schrägbildes der Pyramide ABCDS

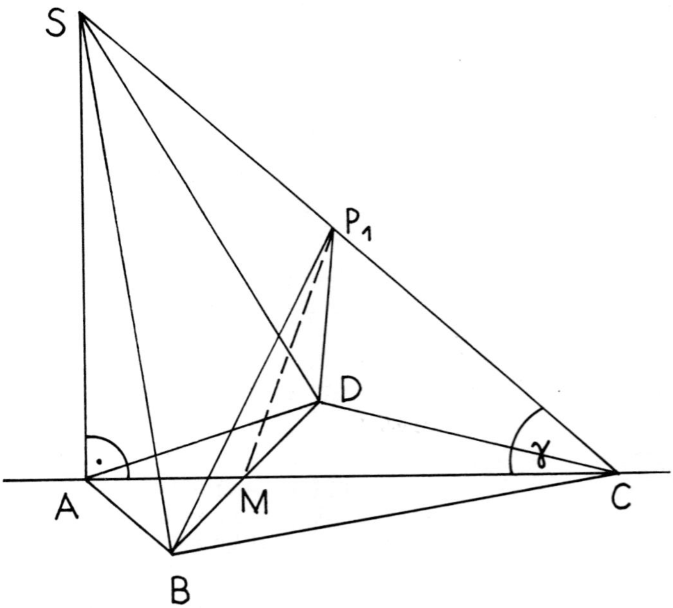

Berechnen Sie das Maß γ des Winkels SCA .
Im rechtwinkligen Dreieck ACS gilt: $\tan\gamma = \frac{\text{Länge der Gegenkathete}}{\text{Länge der Ankathete}}$

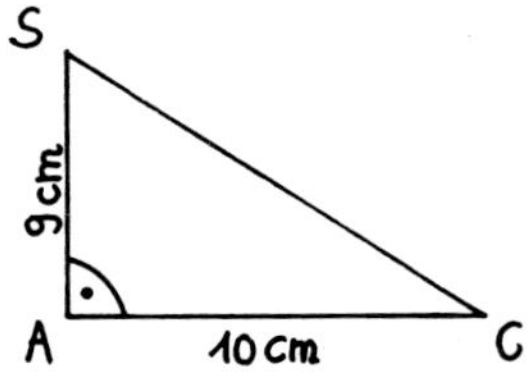

$$\tan\gamma = \frac{\overline{AS}}{\overline{AC}} \qquad \gamma \in \,]0°; 90°[$$

$$\tan\gamma = \frac{9\ \text{cm}}{10\text{cm}}$$

$$\gamma = 41{,}99°$$

Berechnen Sie die Länge der Strecke [CS].
Im rechtwinkligen Dreieck ACS gilt der Satz des Pythagoras

$$\overline{CS}^2 = \overline{AS}^2 + \overline{AC}^2$$
$$\overline{CS}^2 = (9\text{ cm})^2 + (10\text{ cm})^2$$
$$\overline{CS}^2 = 181\text{ cm}^2$$
$$\overline{CS} = 13{,}45\text{ m}$$

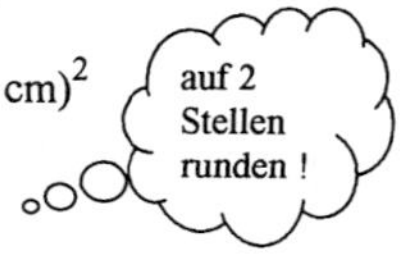

3.2 Einzeichnen des Dreiecks BDP_1 (siehe 3.1)

Berechnen Sie den Wert für x, wenn der Winkel CMP_1 das Maß 70° hat.
Lösung mit dem Sinussatz im beliebigen Dreieck MCP_1

$\gamma = 41{,}99^\circ$

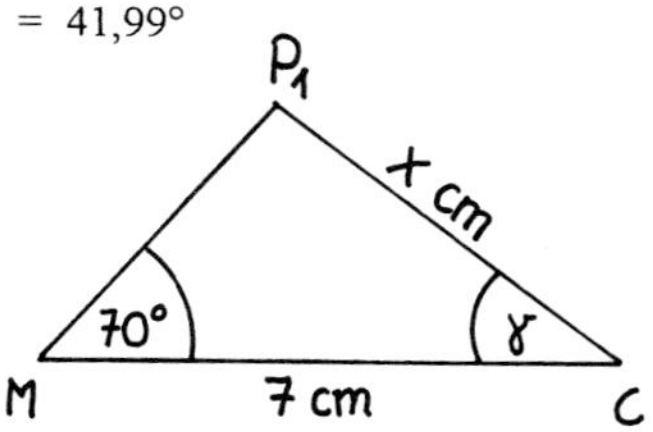

Sinussatz: $x \in [0;\ 13{,}45]$

$$\frac{x\text{ cm}}{\sin 70^\circ} = \frac{7\text{cm}}{\sin(180^\circ - (70^\circ + \gamma))}$$
$$x = \frac{7}{\sin 68{,}01^\circ} \cdot \sin 70^\circ$$
$$x = 7{,}09$$

$$\mathbb{L} = \{7{,}09\}$$

3.3

Berechnen Sie das Volumen der Pyramide $BCDP_1$.
1) Berechnung der Pyramidenhöhe 2) Für das Volumen der Pyramide gilt: $V = \frac{1}{3} \cdot A_G \cdot h$

zu 1)

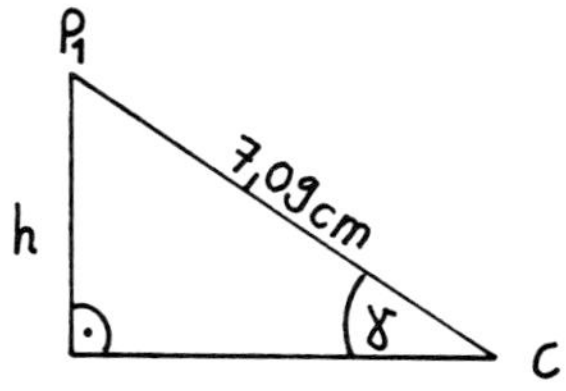

$$\sin\gamma = \frac{h}{\overline{P_1C}}$$
$$h = \overline{P_1C} \cdot \sin\gamma$$
$$h = 7{,}09\text{ cm} \cdot \sin 41{,}99^\circ$$
$$h = 4{,}74\text{ cm}$$

zu 2)

$$V = \frac{1}{3} \cdot A_G \cdot h$$
$$V = \frac{1}{3} \cdot A_{BCD} \cdot h$$
$$V = \frac{1}{3} \cdot \frac{1}{2} \cdot \overline{MC} \cdot \overline{BD} \cdot h$$
$$V = \frac{1}{6} \cdot 7\text{ cm} \cdot 8\text{ cm} \cdot 4{,}74\text{ cm}$$
$$V = 44{,}24\text{ cm}^3$$

3.4	Der Flächeninhalt des Dreiecks BDP_2 beträgt 80% des Flächeninhalts der Pyramidengrundfläche ABCD. Berechen Sie den zugehörigen Wert für x.
	1) Berechnung der Dreieckshöhe $\overline{MP_2}$ 2) Berechnung des x-Wertes

zu 1) Pyramidengrundfläche:

$$A_{ABCD} = \frac{1}{2} \cdot \overline{AC} \cdot \overline{BD}$$

$$A_{ABCD} = \frac{1}{2} \cdot 10\text{ cm} \cdot 8\text{ cm}$$

$$A_{ABCD} = 40\text{ cm}^2$$

Flächeninhalt des Dreiecks BDP_2:

$$A = 80\text{ \% von } A_{ABCD}$$

$$A = \frac{80}{100} \cdot 40\text{ cm}^2$$

$$A = 32\text{ cm}^2$$

Höhe im Dreieck BDP_2:

$$A = \frac{1}{2} \cdot \overline{BD} \cdot \overline{MP_2}$$

$$32\text{ cm}^2 = \frac{1}{2} \cdot 8\text{ cm} \cdot \overline{MP_2}$$

$$\overline{MP_2} = 8\text{ cm}$$

zu 2) Berechnung des x-Wertes:

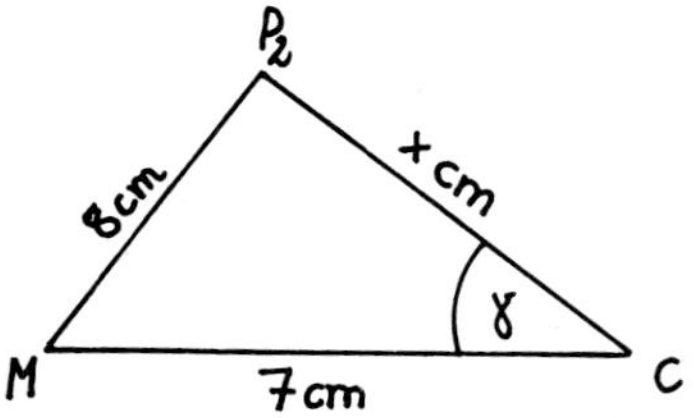

Kosinussatz im Dreieck MCP_2

$x \in [0;\ 13,45]$

$$8^2 = 7^2 + x^2 - 2 \cdot 7 \cdot x \cdot \cos 41,99°$$

$$\Leftrightarrow \quad 64 = 49 + x^2 - 10,41 \cdot x$$

$$\Leftrightarrow \quad x^2 - 10,41\, x - 15 = 0$$

$p = -10,41$
$\frac{p}{2} = -5,205$
$q = -15$

$D = (\frac{p}{2})^2 - q$
$D = (-5,205)^2 - (-15)$
$D = 42,09$

$$x_{1,2} = -\frac{p}{2} \pm \sqrt{D}$$

$$\Leftrightarrow \quad x_{1,2} = -(-5,205) \pm \sqrt{42,09}$$

$$\Leftrightarrow \quad x_1 = 11,69 \quad (\vee \quad x_2 = -1,28)$$

$\mathbb{L} = \{ 11,69 \}$

Lösungsmuster Mathematik II A 1998

1.0 Gegeben: Parabel p mit $y = x^2 + 2$; $\mathbb{G} = \mathbb{R} \times \mathbb{R}$

1.1 Einzeichnen der Parabel p sowie der beiden Drachenvierecke AB_1CD_1 mit $D_1(-0{,}5 \mid 2{,}25)$ und AB_2CD_2 mit $D_2(2 \mid 6)$ und ihre Diagonalen.

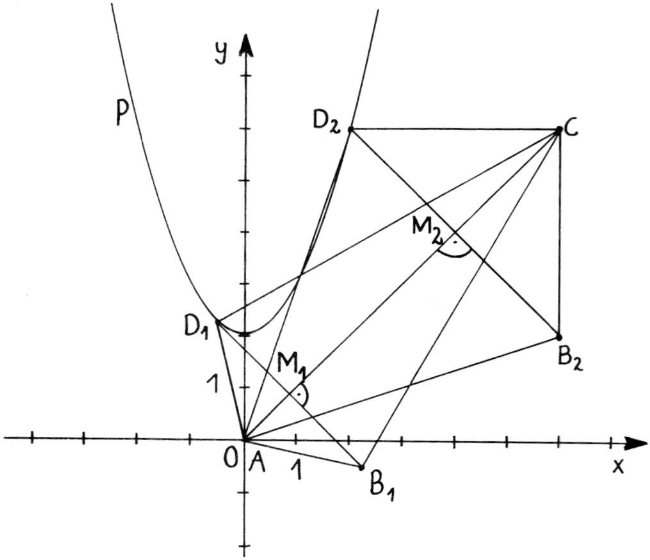

1.2

Ermitteln Sie rechnerisch die Gleichung der Geraden $g = B_1D_1$.
Für die Gleichung einer Geraden gilt: $y = m \cdot x + t$

Pfeilkoordinaten: $\overrightarrow{AC} = \begin{pmatrix} 6 \\ 6 \end{pmatrix}$; $m = 1$ AC mit $y = x$

Steigung m der Geraden g: $g \perp AC$ $m_g = -1$

y-Achsenabschnitt: $D_1(-0{,}5 \mid 2{,}25) \in g$ mit $y = -x + t$

$$2{,}25 = -(-0{,}5) + t$$
$$t = 1{,}75$$

Geradengleichung: g mit $y = -x + 1{,}75$ ($\mathbb{G} = \mathbb{R} \times \mathbb{R}$)

Zeigen Sie, dass die Gerade $g = B_1D_1$ Tangente an die Parabel p ist.
1) Schnittpunktbedingung: $p \cap g$ 2) Tangentenbedingung: Diskriminante D = 0

zu 1) Schnittpunktbedingung:

$$\begin{array}{l|l} \text{I.} & y = x^2 + 2 \\ \text{II.} & \wedge\ y = -x + 1{,}75 \end{array}$$ $\mathbb{G} = \mathbb{R} \times \mathbb{R}$

Gleichsetzen: I. = II. => $x^2 + 2 = -x + 1{,}75$ $\mathbb{G} = \mathbb{R}$

<=> $x^2 + x + 0{,}25 = 0$

zu 2) Tangentenbedingung:

$p = 1$ $\frac{p}{2} = 0{,}5$ $q = 0{,}25$	$D = (\frac{p}{2})^2 - q$ $D = 0{,}5^2 - 0{,}25$ $D = 0$	D = 0 => 1 Lösung: Die Parabel und die Gerade berühren sich in einem Punkt.

also: Die Gerade $g = B_1D_1$ ist Tangente an die Parabel p.

1.3	Berechen Sie die Koordinaten des Diagonalenschnittpunktes M_1 .
	$\{ M_1 \} = AC \cap B_1D_1$

$$\begin{array}{l|l} \text{I.} & y = x \\ \text{II.} & \wedge\ y = -x + 1{,}75 \end{array}$$

Gleichsetzen: I. = II. => $x = -x + 1{,}75$ $\mathbb{G} = \mathbb{R}$

<=> $2x = 1{,}75$

<=> $x = 0{,}875$ $\mathbb{L} = \{ 0{,}875 \}$

Koordinaten des Diagonalenschnittpunktes: M_1 (0,875 | 0,875)

Bestimmen Sie das Intervall für die Maßzahlen der Streckenlängen $\overline{AM_n}$.
Die Punkte M_n liegen zwischen den Punkten M_1 und C.

a) Untere Intervallgrenze: ($\overline{AM_n}$ ist minimal)

Pfeil: $\overrightarrow{AM_1} = \begin{pmatrix} 0{,}875 \\ 0{,}875 \end{pmatrix}$

$| \overrightarrow{AM_1} | = \sqrt{0{,}875^2 + 0{,}875^2}$

$| \overrightarrow{AM_1} | = 1{,}24$

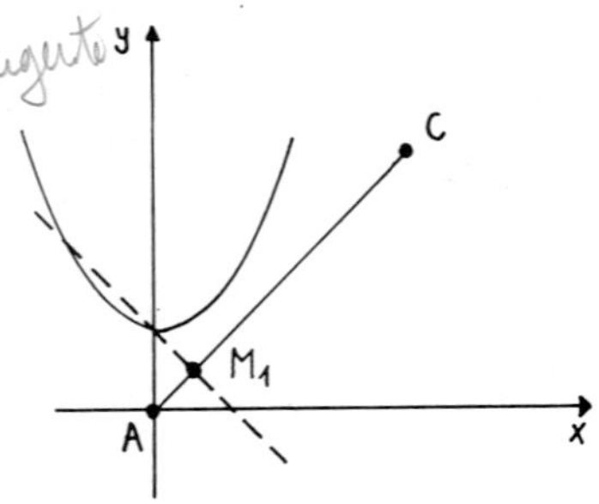

b) Obere Intervallgrenze: ($\overline{AM_n}$ ist maximal)

Pfeil: $\overrightarrow{AC} = \begin{pmatrix} 6 \\ 6 \end{pmatrix}$

$| \overrightarrow{AC} | = \sqrt{6^2 + 6^2}$

$| \overrightarrow{AC} | = 8{,}49$ Intervall: $\overline{AM_n} \in [\ 1{,}24\ ;\ 8{,}49\ [$

1.4	Bestätigen Sie, dass für die Abszisse x der Punkte D_n gilt: $-3{,}70 < x < 2{,}70$
	1) Ermittlung der Senkrechten h zu AC durch den Punkt C. 2) Berechnung der Abszisse x durch Schnittpunktberechnung: $p \cap h$

AC mit $y = x$ => h mit $y = -x + t$

$C \in h$: $6 = -6 + t$ <=> $t = 12$

Gleichung der Senkrechten h zu AC: h mit $y = -x + 12$

zu 2)

$$\begin{array}{ll} \text{I.} & y = x^2 + 2 \\ \text{II.} & \wedge\ y = -x + 12 \end{array}$$ $\mathbb{G} = \mathbb{R} \times \mathbb{R}$

Gleichsetzen: I. = II. => $x^2 + 2 = -x + 12$ $\mathbb{G} = \mathbb{R}$

<=> $x^2 + x - 10 = 0$

$p = 1$
$\frac{p}{2} = 0{,}5$
$q = -10$

$D = (\frac{p}{2})^2 - q$
$D = 0{,}5^2 - (-10)$
$D = 10{,}25$

$x_{1,2} = -\frac{p}{2} \pm \sqrt{D}$

<=> $x_{1,2} = -0{,}5 \pm \sqrt{10{,}25}$

<=> $x_{1,2} = -0{,}5 \pm 3{,}20$

<=> $x_1 = -3{,}70 \vee x_2 = 2{,}70$ $\mathbb{L} = \{-3{,}70 ; 2{,}70\}$

Für das Intervall der Abszisse x gilt: $-3{,}70 < x < 2{,}70$; $x \in \mathbb{R}$

1.5

Berechnen Sie den Flächeninhalt A (x) der Drachenvierecke AB_nCD_n in Abhängigkeit von der Abszisse x der Punkte D_n.
Im Koordinatensystem gilt für den Flächeninhalt der Drachenvierecke: $A_{AB_nCD_n} = 2 \cdot A_{\Delta ACD_n}$ mit $A_{\Delta ACD_n} = 0{,}5 \begin{vmatrix} x_1 & x_2 \\ y_1 & y_2 \end{vmatrix}$ FE

$A_{AB_nCD_n} = 2 \cdot A_{\Delta ACD_n}$ $-3{,}70 < x < 2{,}70$; $x \in \mathbb{R}$

$A(x) = 2 \cdot 0{,}5 \begin{vmatrix} 6 & x \\ 6 & x^2+2 \end{vmatrix}$ FE

$A(x) = [6 \cdot (x^2 + 2) - 6 \cdot x]$ FE

$A(x) = [6x^2 + 12 - 6x]$ FE

$A(x) = [6x^2 - 6x + 12]$ FE

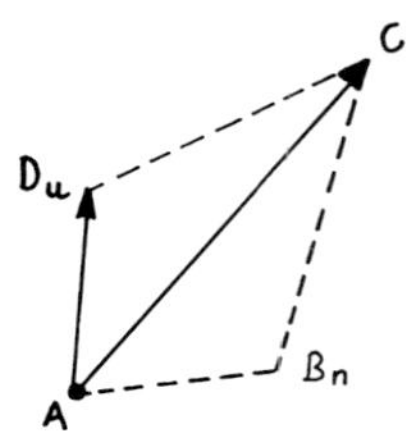

$\overrightarrow{AC} = \begin{pmatrix} 6 \\ 6 \end{pmatrix}$; $\overrightarrow{AD_n} = \begin{pmatrix} x \\ x^2+2 \end{pmatrix}$

Berechen Sie den zugehörigen Wert für x für das Drachenviereck mit dem kleinstmöglichen Flächeninhalt A_{min}.
Extremwertbestimmung durch Quadratische Ergänzung

$T(x) = 6x^2 - 6x + 12$ $-3{,}70 < x < 2{,}70$; $x \in \mathbb{R}$

<=> $T(x) = 6 \cdot [x^2 - x + 2]$

<=> $T(x) = 6 \cdot [x^2 - x + 0{,}5^2 - 0{,}5^2 + 2]$

<=> $T(x) = 6 \cdot [(x - 0{,}5)^2 + 1{,}75]$

<=> $T(x) = 6(x - 0{,}5)^2 + 10{,}5$

Flächeninhalt: $A(x) = [\,6\,(x - 0{,}5)^2 + 10{,}5]$ FE

Für x = 0,5 erhält man den kleinstmöglichen Flächeninhalt $A_{min} = 10{,}5$ FE
$A_{min}(0{,}5) = 10{,}5$ FE

1.6

Das Drachenviereck AB_3CD_3 hat den Flächeninhalt 48 FE. Berechnen Sie die Koordinaten des Eckpunktes D_3.
Für den Flächeninhalt gilt: I. $A(x) = \ldots$ FE   II. $\wedge\ A = 48$ FE

Gleichsetzen: I. = II. => $6 \cdot x^2 - 6x + 12 = 48$ $\qquad -3{,}70 < x < 2{,}70$; $x \in \mathbb{R}$

<=> $6 \cdot x^2 - 6x - 36 = 0 \quad | : 6$

<=> $x^2 - x - 6 = 0$

$p = -1$
$\frac{p}{2} = -0{,}5$
$q = -6$

$D = (\frac{p}{2})^2 - q$
$D = (-0{,}5)^2 - (-6)$
$D = 6{,}25$

$x_{1,2} = -\frac{p}{2} \pm \sqrt{D}$

<=> $x_{1,2} = -(-0{,}5) \pm \sqrt{6{,}25}$

<=> $x_{1,2} = 0{,}5 \pm 2{,}5$

<=> $x_1 = -2 \vee x_2 = 3$ $\qquad \mathbb{L} = \{-2\}$

Koordinaten des Eckpunktes D_3: $D_3(-2 \mid (-2)^2 + 2)$; $\qquad D_3(-2 \mid 6)$

Berechnen Sie das Maß α des Winkels B_3AD_3.
1) Berechnung von $\varphi = \measuredangle$ (y-Achse; OD_3)   2) $\alpha = \varphi + 90^\circ + \varphi$

zu 1) Für φ gilt: $\tan\varphi = \frac{2}{6}$

$\varphi = 18{,}43^\circ$

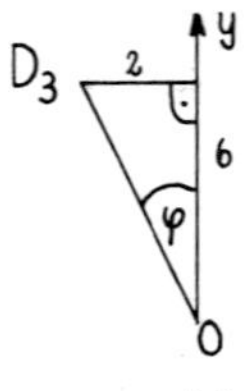

zu 2) Für den Winkel $\alpha = \measuredangle B_3AD_3$ gilt:

$\alpha = \varphi + 90^\circ + \varphi$

$\alpha = 2 \cdot 18{,}43^\circ + 90^\circ$

$\alpha = 126{,}86^\circ$

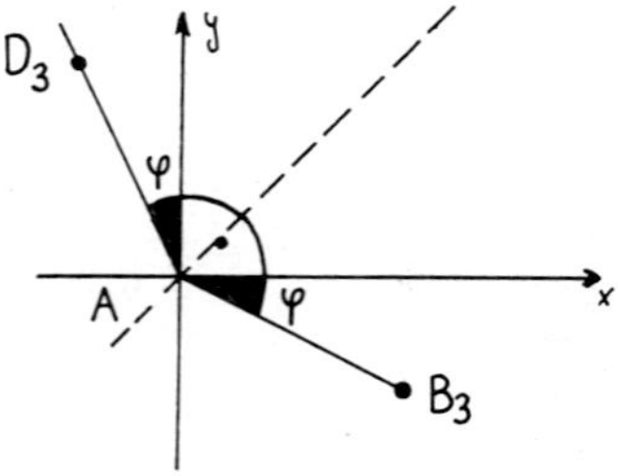

2.1 Zeichnen des Dreiecks ABC

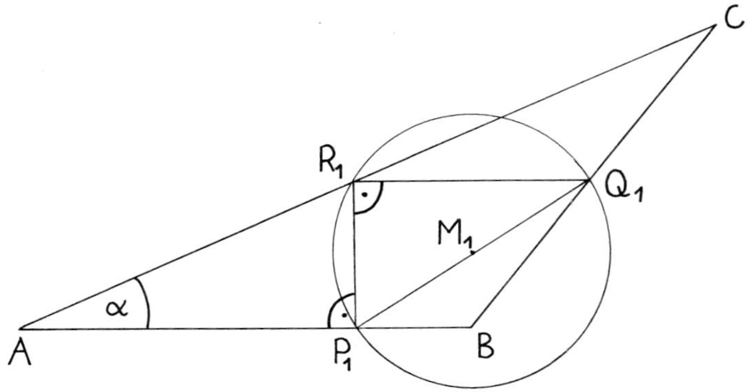

Berechnen Sie das Maß α des Winkels BAC.
Lösung mit dem Kosinussatz im beliebigen Dreieck ABC

$\overline{BC}^2 = \overline{AB}^2 + \overline{AC}^2 - 2 \cdot \overline{AB} \cdot \overline{AC} \cos\alpha$

$\cos\alpha = \dfrac{\overline{AB}^2 + \overline{AC}^2 - \overline{BC}^2}{2 \cdot \overline{AB} \cdot \overline{AC}}$

$\cos\alpha = \dfrac{8^2 + 13{,}5^2 - 7^2}{2 \cdot 8 \cdot 13{,}5}$

$\alpha = 24{,}05°$

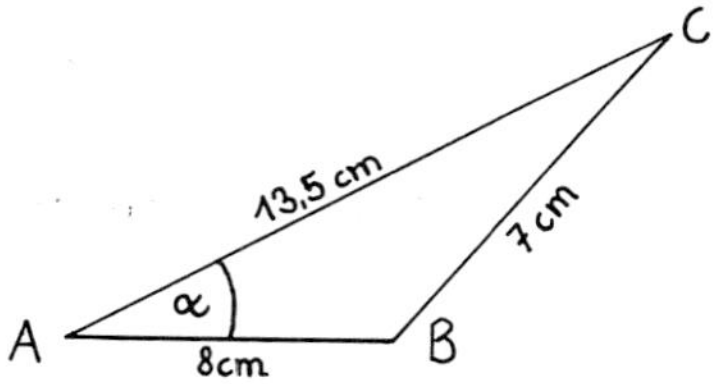

Für $\alpha \in \,]\,0°; 180°\,[$ gilt: $\mathbb{L} = \{ 24{,}05° \}$

2.2 Einzeichnen des Dreiecks $P_1Q_1R_1$ (siehe 2.1)

$[P_1R_1] \perp [AB]$

$[R_1Q_1] \parallel [AB]$

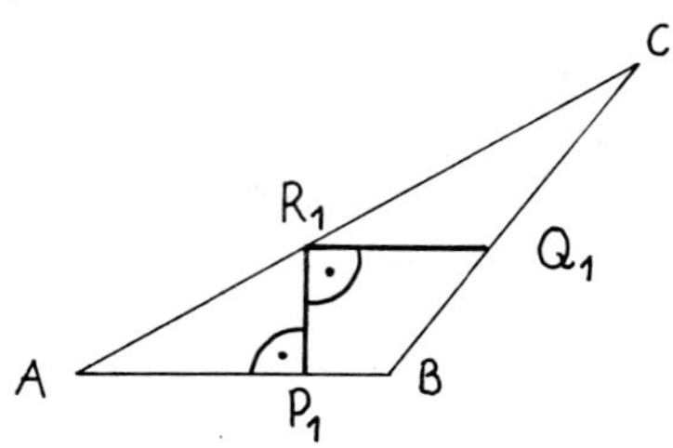

2.3

Stellen Sie die Seitenlängen $\overline{R_nP_n}$ (x) und $\overline{R_nQ_n}$ (x) jeweils in Abhängigkeit von x dar.
1) Berechnung von $\overline{R_nP_n}$ (x) im rechtwinkligen Dreieck AP_nR_n 2 a) Berechnung von $\overline{AR_n}$ (x) im rechtwinkligen Dreieck AP_nR_n b) Ermittlung der Streckenlänge $\overline{CR_n}$ (x) c) Berechnung von $\overline{R_nQ_n}$ (x) mit dem Vierstreckensatz

$x \leqq 8 \;;\; x \in \mathbb{R}^+$

zu 1)

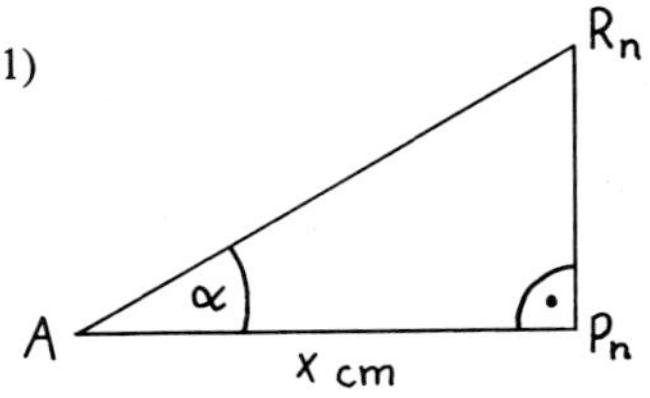

$$\tan\alpha = \frac{\overline{R_nP_n}}{\overline{AP_n}}$$

$$\overline{R_nP_n}\,(x) = \overline{AP_n}\,(x) \cdot \tan\alpha$$

$$\overline{R_nP_n}\,(x) = x\text{ cm} \cdot \tan 24{,}05^\circ$$

$$\overline{R_nP_n}\,(x) = 0{,}45 \cdot x\text{ cm}$$

zu 2 a)

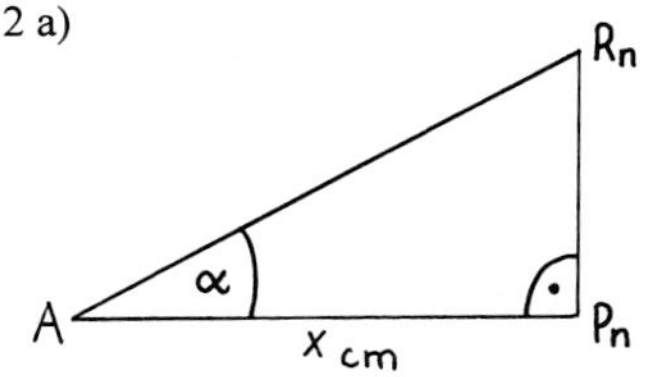

$$\cos\alpha = \frac{\overline{AP_n}}{\overline{AR_n}}$$

$$\overline{AR_n}\,(x) = \frac{x\text{ cm}}{\cos 24{,}05^\circ}$$

$$\overline{AR_n}\,(x) = 1{,}10 \cdot x\text{ cm}$$

zu 2 b) $\overline{CR_n}\,(x) = \overline{AC} - \overline{AR_n}\,(x)$

$\overline{CR_n}\,(x) = (13{,}5 - 1{,}10\,x)\text{ cm}$

zu 2 c)

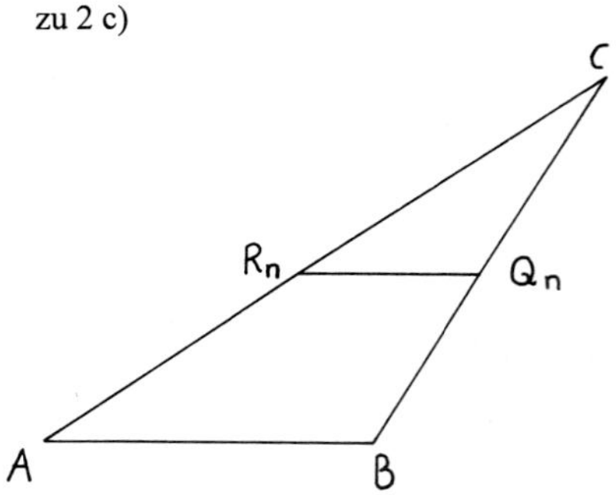

Vierstreckensatz:

$$\frac{\overline{R_nQ_n}}{\overline{AB}} = \frac{\overline{CR_n}}{\overline{AC}}$$

$$\overline{R_nQ_n}\,(x) = \frac{\overline{AB}}{\overline{AC}} \cdot \overline{CR_n}\,(x)$$

$$\overline{R_nQ_n}\,(x) = \frac{8\text{ cm}}{13{,}5\text{ cm}} \cdot (13{,}5 - 1{,}10 \cdot x)\text{ cm}$$

$$\overline{R_nQ_n}\,(x) = (8 - 0{,}65 \cdot x)\text{ cm}$$

$$\overline{R_nQ_n}\,(x) = (-\,0{,}65 \cdot x + 8)\text{ cm}$$

Berechnen Sie den Wert für x, so dass das zugehörige Dreieck $P_oQ_oR_o$ gleichschenklig ist.
Im gleichschenkligen Dreieck sind die Schenkellängen $\overline{R_nP_n}\,(x)$ und $\overline{R_nQ_n}\,(x)$ gleich.

$\overline{R_nP_n}\,(x) = \overline{R_nQ_n}\,(x)$ $\qquad x \leqq 8 \;;\; x \in \mathbb{R}^+$

$0{,}45 \cdot x = -\,0{,}65 \cdot x + 8$

$\Leftrightarrow \quad 1{,}10\,x = 8 \quad \Leftrightarrow \quad x = 7{,}27 \qquad \mathbb{L} = \{7{,}27\}$

2.4 Einzeichnen des Umkreises des Dreiecks $P_1Q_1R_1$ (siehe 2.1)

Hinweis: Der Mittelpunkt des Umkreises ist zugleich der Mittelpunkt der Strecke $[P_1Q_1]$. Der Umkreis ist somit der Thaleskreis über der Strecke $[P_1Q_1]$.

Berechnen Sie den Radius r des Umkreises.
Für den Radius gilt: $r = 0{,}5 \cdot \overline{P_1Q_1}$

$\overline{R_nP_n}(x) = 0{,}45 \cdot x$ cm

$\overline{R_nQ_n}(x) = (-0{,}65 \cdot x + 8)$ cm

Für x = 6 gilt:

$\overline{R_1P_1}(x) = 0{,}45 \cdot 6$ cm $= 2{,}70$ cm

$\overline{R_1Q_1}(x) = (-0{,}65 \cdot 6 + 8)$ cm $= 4{,}10$ cm

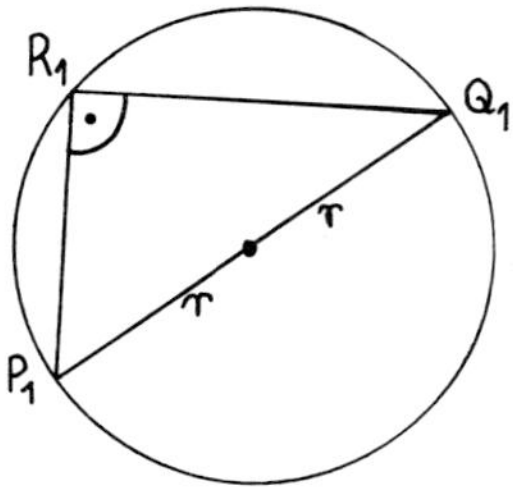

$\overline{P_1Q_1}^2 = \overline{R_1P_1}^2 + \overline{R_1Q_1}^2$

$\overline{P_1Q_1} = \sqrt{2{,}70^2 + 4{,}10^2}$ cm

Radius r des Umkreises:

$r = 0{,}5 \cdot \overline{P_1Q_1}$

$r = 0{,}5 \cdot \sqrt{2{,}70^2 + 4{,}10^2}$ cm

$r = 2{,}45$ cm

Berechnen Sie den Inhalt A der angebenen Figur.
Für den Flächeninhalt A_{Figur} gilt: $A_{Figur} = A_{\Delta AP_1R_1} + A_{\Delta M_1R_1P_1} - A_{Sektor\, M_1R_1P_1}$

Flächeninhalt des Dreiecks AP_1R_1:

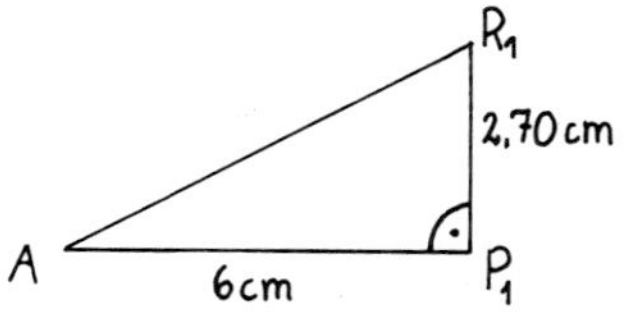

$A_{\Delta AP_1R_1} = \frac{1}{2} \cdot \overline{AP_1} \cdot \overline{R_1P_1}$

$A_{\Delta AP_1R_1} = \frac{1}{2} \cdot 6\text{ cm} \cdot 2{,}70\text{ cm}$

$A_{\Delta AP_1R_1} = 8{,}10\text{ cm}^2$

Mittelpunktswinkel des Sektors $M_1R_1P_1$: $\varepsilon = \measuredangle R_1M_1P_1$

Lösung mit dem Kosinussatz:

$\overline{R_1P_1}^2 = r^2 + r^2 - 2 \cdot r \cdot r \cdot \cos\varepsilon$

$\cos\varepsilon = \dfrac{r^2 + r^2 - \overline{P_1R_1}^2}{2 \cdot r \cdot r}$

$\cos\varepsilon = \dfrac{2{,}45^2 + 2{,}45^2 - 2{,}70^2}{2 \cdot 2{,}45 \cdot 2{,}45}$

$\varepsilon = 66{,}87^\circ$

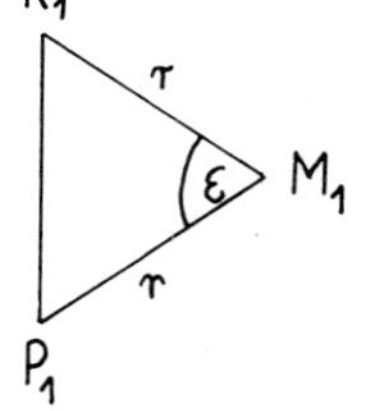

Für $\varepsilon \in\,]0^\circ; 180^\circ[$ gilt: $\mathbb{L} = \{66{,}87^\circ\}$

Flächeninhalt des Dreiecks $M_1R_1P_1$: $A_{\Delta M_1R_1P_1} = \frac{1}{2} \cdot r \cdot r \cdot \sin\varepsilon$

$$A_{\Delta M_1R_1P_1} = \frac{1}{2} \cdot 2{,}45\ \text{cm} \cdot 2{,}45\ \text{cm} \cdot \sin 66{,}87^\circ$$

$$A_{\Delta M_1R_1P_1} = 2{,}76\ \text{cm}^2$$

Flächeninhalt des Sektors $M_1R_1P_1$:

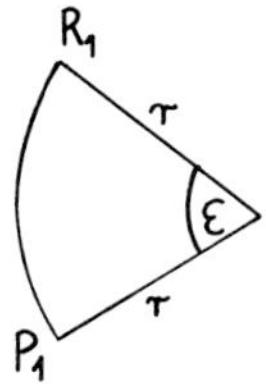

$$A_{\text{Sektor}} = \frac{r^2 \cdot \pi}{360^\circ} \cdot \varepsilon$$

$$A_{\text{Sektor}} = \frac{(2{,}45\ \text{cm})^2 \cdot \pi}{360^\circ} \cdot 66{,}87^\circ$$

$$A_{\text{Sektor}} = 3{,}50\ \text{cm}^2$$

Hinweis: Beachten Sie die Bezeichnung des Sektors !

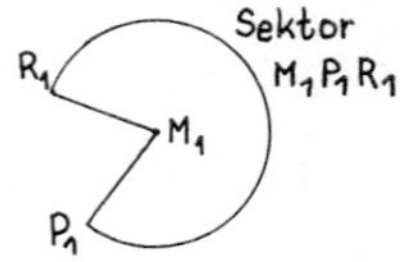

Für den Flächeninhalt der Figur gilt: $A_{\text{Figur}} = A_{\Delta AP_1R_1} + A_{\Delta M_1R_1P_1} - A_{\text{Sektor}\,M_1R_1P_1}$

$$A_{\text{Figur}} = 8{,}10\ \text{cm}^2 + 2{,}76\ \text{cm}^2 - 3{,}50\ \text{cm}^2$$

$$A_{\text{Figur}} = 7{,}36\ \text{cm}^2$$

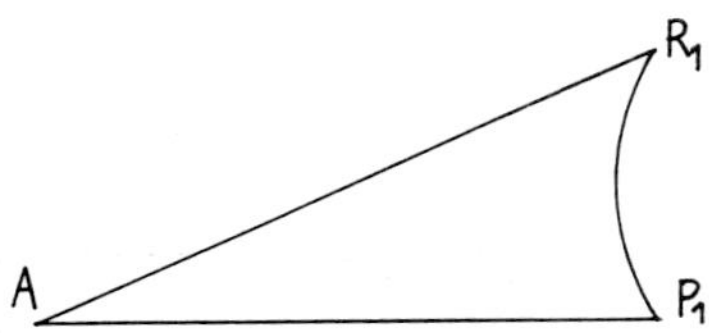

2.5	Berechnen Sie den Wert für x, so dass der Winkel $R_2Q_2P_2$ das Maß α hat.
	1) Eigenschaften eines Parallelogramms: Gegenüberliegende Winkel und Seiten sind gleich. oder 2) Berechnung von x mit Hilfe der Steigung $m = \tan\alpha$

zu 1) $\overline{R_2Q_2} = \overline{AP_2}$ $\quad x \leqq 8\ ;\ x \in \mathbb{R}^+$

$-0{,}65 \cdot x + 8 = x$

$\Leftrightarrow\ -1{,}65 \cdot x = -8$

$\Leftrightarrow\ x = 4{,}85$ $\quad \mathbb{L} = \{4{,}85\}$

oder zu 2) Im Dreieck $\Delta\, P_2Q_2R_2$ gilt: $\tan\alpha = \frac{0{,}45x}{-0{,}65x+8}$ $\quad x \leqq 8\ ;\ x \in \mathbb{R}^+$

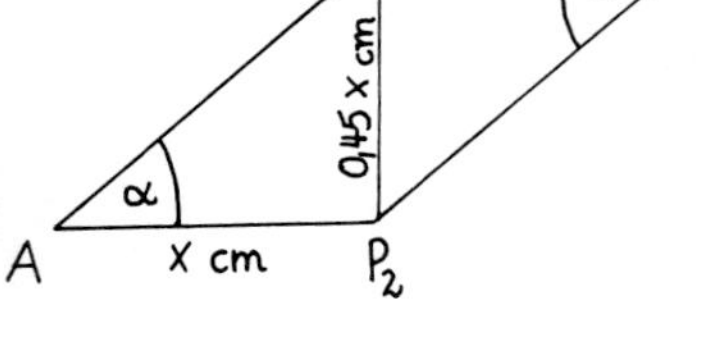

$\Leftrightarrow\ \tan 24{,}05^\circ = \frac{0{,}45x}{-0{,}65x+8}$

$\Leftrightarrow\ 0{,}45 \cdot (-0{,}65 \cdot x + 8) = 0{,}45 \cdot x$

$\Leftrightarrow\ -0{,}29 \cdot x + 3{,}6 = 0{,}45 \cdot x$

$\Leftrightarrow\ -0{,}74 \cdot x = -3{,}6$

$\Leftrightarrow\ x = 4{,}86\ ;$ $\quad \mathbb{L} = \{4{,}86\}$

3.1 Zeichnen des Axialschnitts PQRST

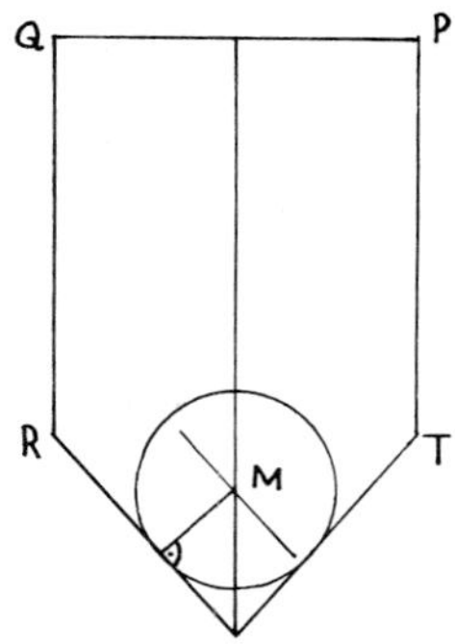

Berechnen Sie das Maß ε des Öffnungswinkels TSR des kegelförmigen Teils.
Im rechtwinkligen Dreieck RSM gilt: $\tan \frac{\varepsilon}{2} = \frac{\text{Länge der Gegenkathete}}{\text{Länge der Ankathete}}$

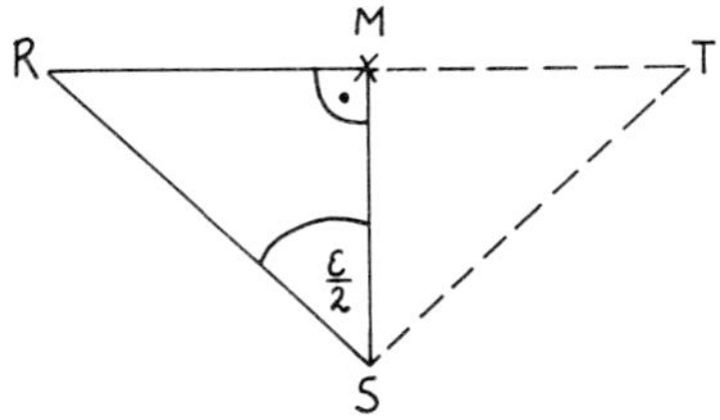

$$\tan \frac{\varepsilon}{2} = \frac{\overline{RM}}{\overline{MS}} \qquad \varepsilon \in]0°; 90°[$$

$$\tan \frac{\varepsilon}{2} = \frac{3{,}5\text{ cm}}{4\text{ cm}}$$

$$\frac{\varepsilon}{2} = 41{,}185°$$

$$\varepsilon = 82{,}37°$$

3.2

Das Trinkglas wird bis 3 cm unter den Rand gefüllt. Zu wie viel Prozent des möglichen Fassungsvermögens ist das Trinkglas gefüllt ?
1) Ermittlung des Fassungsvermögens V 2) Ermittlung des Füllvolumens V_{Saft} 3) Berechnung des Prozentanteils

zu 1) $V = V_{Kegel} + V_{Zylinder}$

$$V = (\frac{1}{3} \cdot 3{,}5^2 \cdot \pi \cdot 4 + 3{,}5^2 \cdot \pi \cdot 8)\text{ cm}^3$$

$$V = (51{,}31 + 307{,}88)\text{ cm}^3$$

$$V = 359{,}19\text{ cm}^3$$

zu 2) $V_{Saft} = V - (3{,}5^2 \cdot \pi \cdot 3)\text{ cm}^3$

$$V_{Saft} = (359{,}19 - 115{,}45)\text{ cm}^3$$

$$V_{Saft} = 243{,}74\text{ cm}^3$$

zu 3) Prozentanteil: Prozentsatz $p = \frac{\text{Prozentwert}}{\text{Grundwert}} \cdot 100\,\%$

$$p = \frac{243{,}74\text{ cm}^3}{359{,}19\text{ cm}^3} \cdot 100\,\% = 67{,}86\,\%$$

3.3 Einzeichnen des Axialschnitts der Kugel (siehe 3.1)
Hinweis: Der Mittelpunkt M der Kugel liegt auf der Symmetrieachse des Trinkglases und zugleich auf einer Parallelen zu [RS] (oder [ST]) im Abstand von 2 cm.

Um welche Höhe h* steigt der Flüssigkeitsspiegel, wenn die Kugel im Glas ist ?
Die Kugel verdrängt Flüssigkeit entsprechend ihrem Volumen.

$$V_{Kugel} = \frac{4}{3} \cdot r^3 \cdot \pi$$

$$V_{Kugel} = \frac{4}{3} \cdot (2\text{ cm})^3 \cdot \pi \text{ cm}^3$$

$$V_{Kugel} = 33{,}51 \text{ cm}^3$$

Verdrängtes Saftvolumen: $V^* = r^2 \cdot \pi \cdot h^*$ mit $V^* = V_{Kugel}$

$$h^* = \frac{V_{Kugel}}{r^2 \cdot \pi}$$

$$h^* = \frac{33{,}51\text{cm}^3}{(3{,}5\text{cm})^2 \cdot \pi}$$

$$h^* = 0{,}87 \text{ cm}$$

Der Flüssigkeitsspiegel steigt um 0,87 cm.

3.4

Wie hoch steht die Flüssigkeit über dem höchsten Punkt der Kugel ?
Für die gesuchte Höhe gilt: h = gesamte Füllhöhe - $\overline{OS}$

Hinweis: Beachten Sie, dass das Glas zu Beginn nicht ganz gefüllt war.

$$h = h_{Kegel} + h_{Füllhöhe,\ Zylinder} + h^* - \overline{MS} - r$$

$$h = 4\text{ cm} + (8 - 3)\text{ cm} + 0{,}87\text{ cm} - 3{,}04\text{ cm} - 2\text{ cm}$$

$$h = 9{,}87\text{ cm} - 5{,}04\text{ cm}$$

$$h = 4{,}83\text{ cm}$$

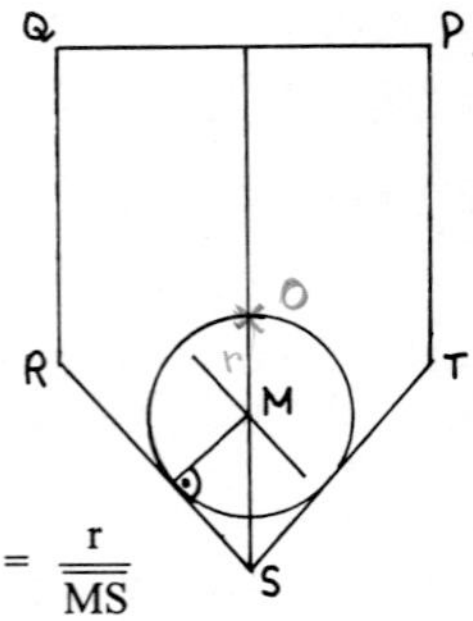

Berechnung der Streckenlänge $\overline{MS}$:

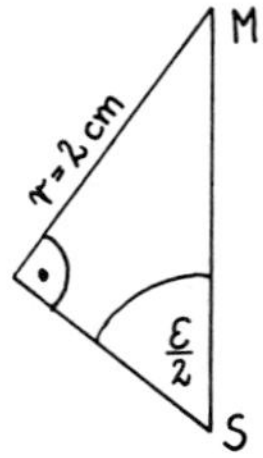

$$\sin\frac{\varepsilon}{2} = \frac{r}{\overline{MS}}$$

$$\overline{MS} = \frac{r}{\sin\frac{\varepsilon}{2}}$$

$$\overline{MS} = \frac{2\text{ cm}}{\sin\frac{82{,}37^\circ}{2}}$$

$$\overline{MS} = 3{,}04\text{ cm}$$

Lösungsmuster Mathematik II B 1998

1.1

Ermitteln Sie die Gleichung der Parabel p.
Die Punkte S und Q liegen auf dem Graphen zu p mit $y = a \cdot (x - x_S)^2 + y_S$

Scheitelpunkt S (4 | 5) ∈ p: $y = a \cdot (x - 4)^2 + 5$ $\mathbb{G} = \mathbb{R} \times \mathbb{R}$
$a \in \mathbb{R} \setminus \{0\}$

Punkt Q (1 | 7,25) ∈ p: $7{,}25 = a \cdot (1 - 4)^2 + 5$

<=> $7{,}25 = a \cdot 9 + 5$

<=> $9 \cdot a = 4{,}5$

<=> $a = 0{,}25$; $\mathbb{L} = \{0{,}25\}$

Scheitelpunktform: $y = 0{,}25 \cdot (x - 4)^2 + 5$

Umformung in die Normalform: <=> $y = 0{,}25 \cdot (x^2 - 8x + 16) + 5$

<=> $y = 0{,}25 \cdot x^2 - 2x + 9$

Tabelle:

x	0	1	2	3	4	5	6	7	8
$0{,}25x^2 - 2x + 9$	9	7,25	6	5,25	5	5,25	6	7,25	9

Einzeichen der Parabel p und der Geraden g

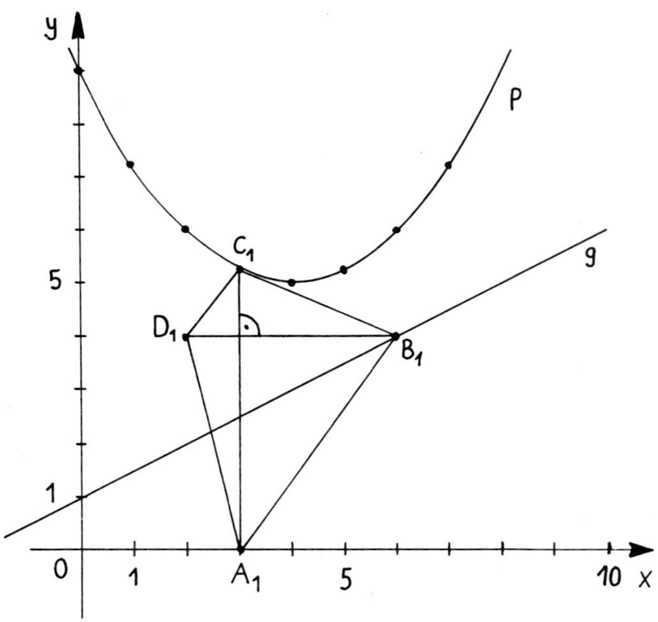

1.2 Einzeichnen des Vierecks $A_1B_1C_1D_1$ für x = 3 (siehe 1.1)

Ermitteln Sie die Koordinaten der Punkte B_n in Abhängigkeit von der Abszisse x der Punkte A_n.
Es gilt: $x_{B_n} = x_{A_n} + 3$

$B_n (x_B \mid y_B) \in g$

$B_n (x_B \mid 0{,}5 \cdot x_B + 1)$

$A_n (x_A \mid 0) \in$ x-Achse

mit $x_A = x$ und $x_B = x + 3$ gilt:

$B_n (x + 3 \mid 0{,}5 \cdot (x + 3) + 1)$

$B_n (x + 3 \mid 0{,}5 \cdot x + 2{,}5)$

1.3

Bestimmen Sie den Flächeninhalt A (x) der Vierecke $A_nB_nC_nD_n$ in Abhängigkeit von der Abszisse x der Punkte A_n.
Flächeninhalt der Vierecke: $A = \frac{1}{2} \cdot \overline{A_nC_n} \cdot \overline{D_nB_n}$

$A_{\text{Viereck}} = A_{\Delta A_nB_nD_n} + A_{\Delta D_nB_nC_n}$

$A_{\text{Viereck}} = \frac{1}{2} \cdot \overline{D_nB_n} \cdot h_1 + \frac{1}{2} \cdot \overline{D_nB_n} \cdot h_2$

$A_{\text{Viereck}} = \frac{1}{2} \cdot \overline{D_nB_n} \cdot (h_1 + h_2)$

$A_{\text{Viereck}} = \frac{1}{2} \cdot \overline{D_nB_n} \cdot \overline{A_nC_n}$

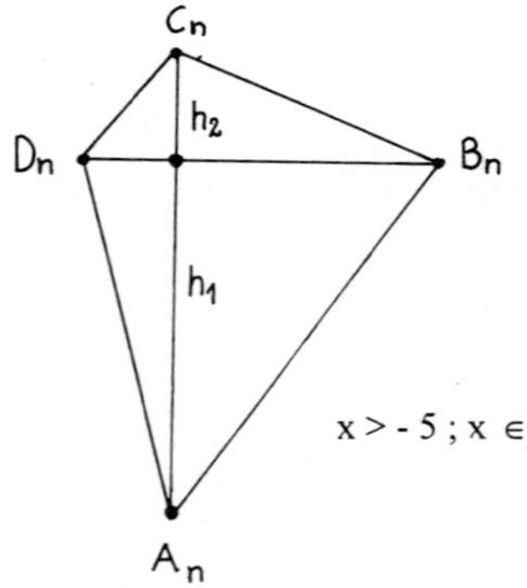

$A(x) = \frac{1}{2} \cdot 4 \text{ LE} \cdot (0{,}25 \cdot x^2 - 2x + 9) \text{ LE}$ $\qquad x > -5 ;\ x \in IR$

$A(x) = 2 \cdot (0{,}25 \cdot x^2 - 2x + 9)$ FE

$A(x) = (0{,}5 \cdot x^2 - 4x + 18)$ FE

1.4

Zwei Vierecke haben gegenüber A_{min} einen um 40 % größeren Flächeninhalt. Berechnen Sie die x - Koordinaten der Punkte A_2 und A_3.
1) Ermittlung des minimalen Flächeninhalts A_{min} 2) Ermittlung des vergrößerten Flächeninhalts $A_{groß}$ 3) Berechnung der zugehörigen x-Koordinaten

zu 1) Extremwertbestimmung durch Quadratische Ergänzung

$T(x) = 0{,}5x^2 - 4x + 18 \quad | \cdot 2 \qquad x > -5 ;\ x \in IR$

$\Leftrightarrow \quad 2 \cdot T(x) = x^2 - 8x + 36$

$\Leftrightarrow \quad 2 \cdot T(x) = x^2 - 8x + 4^2 - 4^2 + 36$

$\Leftrightarrow \quad 2 \cdot T(x) = (x - 4)^2 + 20 \quad | : 2$

$\Leftrightarrow \quad T(x) = 0{,}5\,(x - 4)^2 + 10$

Flächeninhalt: $A(x) = [\,0{,}5\,(x - 4)^2 + 10]$ FE ; $\quad A_{min}(4) = 10$ FE

Für x = 4 erhält man den kleinstmöglichen Flächeninhalt $A_{min} = 10$ FE

zu 2)

$A_{min} = 10$ FE

$A_{min} = 10$ FE	+ 40 %

40 % von 10 FE = 4 FE

$A_{groß} = 14$ FE

zu 3) Für den Flächeninhalt gilt: $A(x) = (0{,}5 \cdot x^2 - 4x + 18)$ FE $\wedge$ $A_{groß} = 14$ FE

Gleichsetzen:

$$\Rightarrow \quad 0{,}5 \cdot x^2 - 4x + 18 = 14 \qquad x > -5 ;\ x \in IR$$

$$\Leftrightarrow \quad 0{,}5 \cdot x^2 - 4x + 4 = 0 \qquad | \cdot 2$$

$$\Leftrightarrow \quad x^2 - 8x + 8 = 0$$

$p = -8$
$\frac{p}{2} = -4$
$q = 8$

$D = (\frac{p}{2})^2 - q$
$D = (-4)^2 - 8$
$D = 8$

$$x_{1,2} = -\frac{p}{2} \pm \sqrt{D}$$

$$\Leftrightarrow \quad x_{1,2} = -(-4) \pm \sqrt{8}$$

$$\Leftrightarrow \quad x_1 = 1{,}17 \vee x_2 = 6{,}83 \qquad \mathbb{L} = \{\,1{,}17 ; 6{,}83\,\}$$

1.5

Unter den Vierecken gibt es zwei Drachenvierecke. Berechnen Sie die x-Koordinaten der Punkte A_4 und A_5.
Im Drachenviereck halbiert die Symmetrieachse die andere Diagonale.

$B_n(x + 3 \mid 0{,}5 \cdot x + 2{,}5)$ $\qquad x > -5 ;\ x \in IR$

$C_n(x \mid 0{,}25 \cdot x^2 - 2x + 9)$

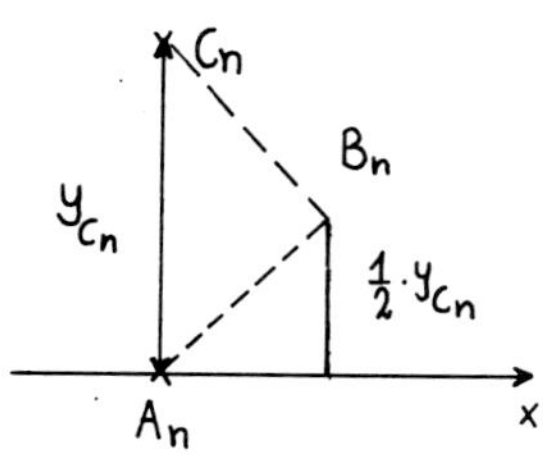

$$y_{B_n} = \frac{1}{2} \cdot y_{C_n}$$

$$0{,}5x + 2{,}5 = \frac{1}{2} \cdot (0{,}25 \cdot x^2 - 2x + 9)$$

$$\Leftrightarrow \quad 0{,}5x + 2{,}5 = 0{,}125 \cdot x^2 - x + 4{,}5$$

$$\Leftrightarrow \quad 0{,}125 \cdot x^2 - 1{,}5x + 2 = 0 \qquad | \cdot 8$$

$$\Leftrightarrow \quad x^2 - 12x + 16 = 0$$

$p = -12$
$\frac{p}{2} = -6$
$q = 16$

$D = (\frac{p}{2})^2 - q$
$D = (-6)^2 - 16$
$D = 20$

$$x_{1,2} = -\frac{p}{2} \pm \sqrt{D}$$

<=> $x_{1,2} = -(-6) \pm \sqrt{20}$

<=> $x_{1,2} = 6 \pm \sqrt{20}$

<=> $x_1 = 1{,}53 \quad \vee \quad x_2 = 10{,}47$

Für $x > -5$; $x \in \mathbb{R}$ gilt: $\mathbb{L} = \{ 1{,}53 \ ; \ 10{,}47 \}$

2.1 Zeichnen Sie des Dreiecks ABC im Maßstab 1 : 2

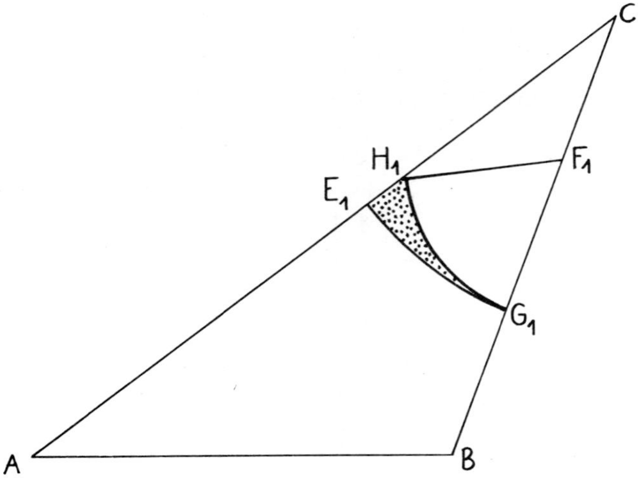

Berechnen Sie das Maß γ des Winkels ACB.
Lösung mit dem Kosinussatz im beliebigen Dreieck ABC

$\overline{AB}^2 = \overline{AC}^2 + \overline{BC}^2 - 2 \cdot \overline{AC} \cdot \overline{BC} \cdot \cos\gamma$

$$\cos\gamma = \frac{\overline{AC}^2 + \overline{BC}^2 - \overline{AB}^2}{2 \cdot \overline{AC} \cdot \overline{BC}}$$

$$\cos\gamma = \frac{18^2 + 28^2 - 16^2}{2 \cdot 18 \cdot 28}$$

$\gamma = 32{,}30^{\circ}$

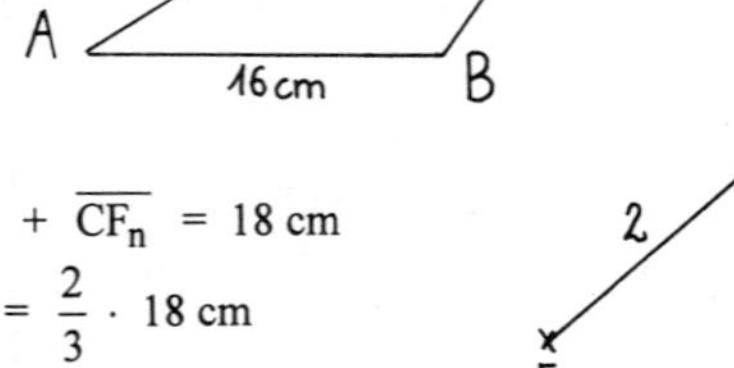

2.2 Für die Schnurlänge gilt: $\overline{E_nC} + \overline{CF_n} = 18 \text{ cm}$

$\overline{E_1C} = \frac{2}{3}$ der Schnurlänge: $\overline{E_1C} = \frac{2}{3} \cdot 18 \text{ cm}$

$\overline{E_1C} = 12 \text{ cm}$

=> $\overline{CF_1} = (18 - 12) \text{ cm} = 6 \text{ cm}$

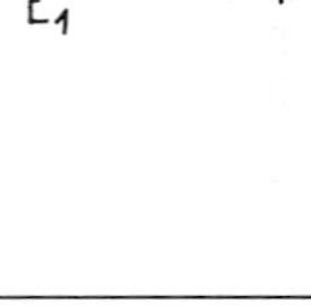

Einzeichnen der Punkte E_1 und F_1 (siehe 2.1)

Berechnen Sie die Entfernung $\overline{E_1F_1}$ der Schnurenden.
Lösung mit dem Kosinussatz im beliebigen Dreieck E_1F_1C

$$\overline{E_1F_1}^2 = \overline{E_1C}^2 + \overline{CF_1}^2 - 2 \cdot \overline{E_1C} \cdot \overline{CF_1} \cdot \cos\gamma$$

$$\overline{E_1F_1} = \sqrt{12^2 + 6^2 - 2 \cdot 12 \cdot 6 \cdot \cos 32{,}30^\circ}\ \text{cm}$$

$$\overline{E_1F_1} = 7{,}63\ \text{cm}$$

2.3 Einzeichnen der Kreisbögen $\overset{\frown}{E_1G_1}$ und $\overset{\frown}{H_1G_1}$ (siehe 2.1)

Berechnen Sie den Flächeninhalt A der angebenen Figur.
Für den Flächeninhalt gilt: $A_{Figur} = A_{Sektor\ CE_1G_1} - A_{Sektor\ F_1H_1G_1} + A_{\Delta CH_1F_1}$

Flächeninhalt des Sektors CE_1G_1:

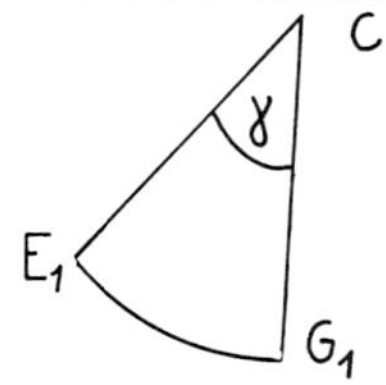

$$A_{Sektor\ CE_1G_1} = \frac{r^2 \cdot \pi}{360^\circ} \cdot \gamma$$

$$A_{Sektor\ CE_1G_1} = \frac{(12\ \text{cm})^2 \cdot \pi}{360^\circ} \cdot 32{,}30^\circ$$

$$A_{Sektor\ CE_1G_1} = 40{,}59\ \text{cm}^2$$

Flächeninhalt des Sektors $F_1H_1G_1$:

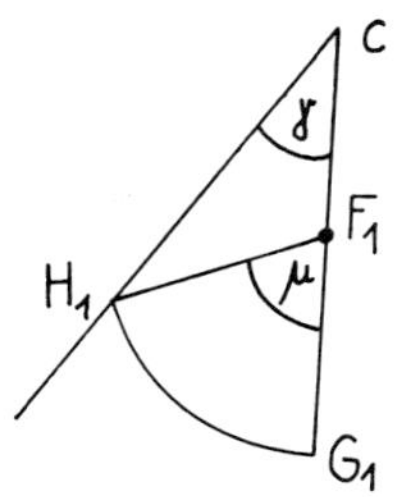

Mit dem Randwinkel $\gamma = \measuredangle H_1CG_1$ gilt für den zugehörigen Mittelpunktswinkel $\mu = \measuredangle H_1F_1G_1$:

$\mu = 2 \cdot \gamma$; $\mu = 2 \cdot 32{,}30^\circ$; $\mu = 64{,}60^\circ$

$$A_{Sektor\ F_1H_1G_1} = \frac{r^2 \cdot \pi}{360^\circ} \cdot \mu$$

$$A_{Sektor\ F_1H_1G_1} = \frac{(6\ \text{cm})^2 \cdot \pi}{360^\circ} \cdot 64{,}60^\circ$$

$$A_{Sektor\ F_1H_1G_1} = 20{,}29\ \text{cm}^2$$

Hinweis: Für den Flächeninhalt des Kreissektors $F_1H_1G_1$ gilt auch:

$$A_{Sektor\ F_1H_1G_1} = 0{,}5 \cdot A_{Sektor\ CE_1G_1} = 20{,}29\ \text{cm}^2$$

Flächeninhalt des Dreiecks CH_1F_1:

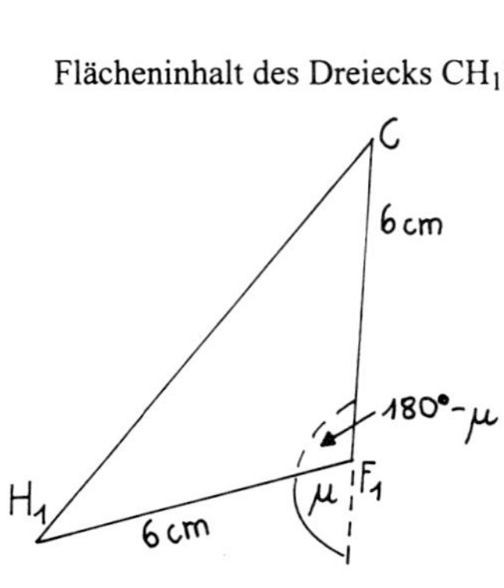

$$\measuredangle CF_1H_1 = 180^\circ - \mu$$

$$\measuredangle CF_1H_1 = 180^\circ - 64{,}60^\circ$$

$$\measuredangle CF_1H_1 = 115{,}40^\circ$$

$$A_{\Delta CH_1F_1} = \frac{1}{2} \cdot \overline{CF_1} \cdot \overline{H_1F_1} \cdot \sin 115{,}40^\circ$$

$$A_{\Delta CH_1F_1} = \frac{1}{2} \cdot 6\ \text{cm} \cdot 6\ \text{cm} \cdot \sin 115{,}40^\circ$$

$$A_{\Delta CH_1F_1} = 16{,}26\ \text{cm}^2$$

Für den Flächeninhalt der Figur gilt: $A_{Figur} = A_{Sektor\,CE_1G_1} - A_{Sektor\,F_1H_1G_1} + A_{\Delta CH_1F_1}$

$A_{Figur} = 40{,}59\text{ cm}^2 - 20{,}29\text{ cm}^2 - 16{,}26\text{ cm}^2$

$A_{Figur} = 4{,}04\text{ cm}^2$

2.4

Berechnen Sie die Länge $\overline{E_2C}$.
Im rechtwinkligen Dreieck E_2F_2C gilt: $\cos\gamma = \dfrac{\text{Länge der Ankathete}}{\text{Länge der Hypotenuse}}$

Für $\overline{E_2C} = x$ cm gilt: $\overline{CF_2} = (18 - x)$ cm

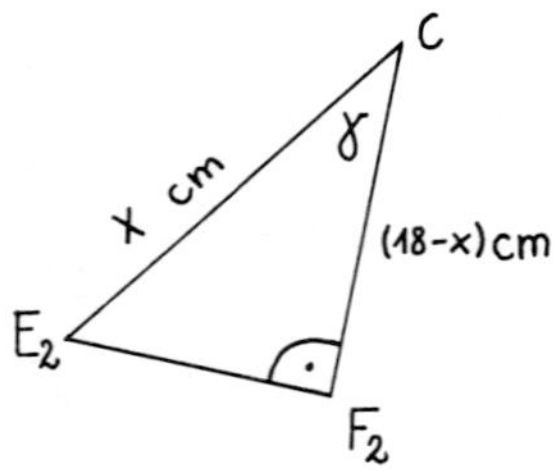

$\cos\gamma = \dfrac{\overline{CF_2}}{\overline{E_2C}}$

$\cos 32{,}30^\circ = \dfrac{(18-x)\text{ cm}}{x\text{ cm}}$

$\Leftrightarrow \quad 0{,}85 = \dfrac{18-x}{x}$

$\Leftrightarrow \quad 0{,}85x = 18 - x$

$\Leftrightarrow \quad 1{,}85x = 18$

$\Leftrightarrow \quad x = 9{,}73$; Für $x < 18$; $x \in \mathbb{R}^+$ gilt: $\mathbb{L} = \{ 9{,}73 \}$

also: $\overline{E_2C} = 9{,}73$ cm

3.1 Zeichnen der Pyramide ABCDS

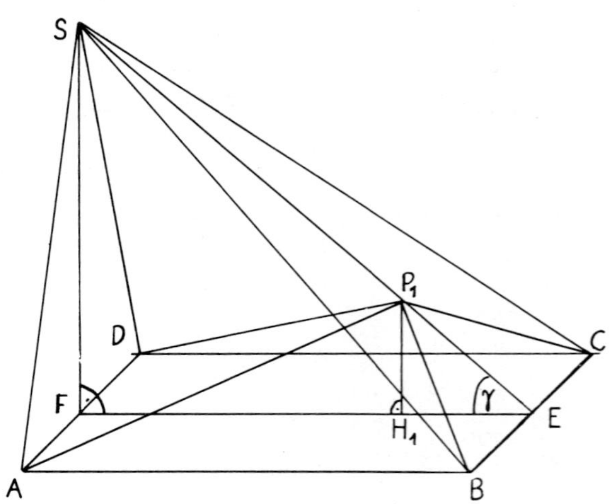

Berechnen Sie das Maß γ des Winkels PSQ .
Im rechtwinkligen Dreieck PQS gilt: $\tan\gamma = \frac{\text{Länge der Gegenkathete}}{\text{Länge der Ankathete}}$

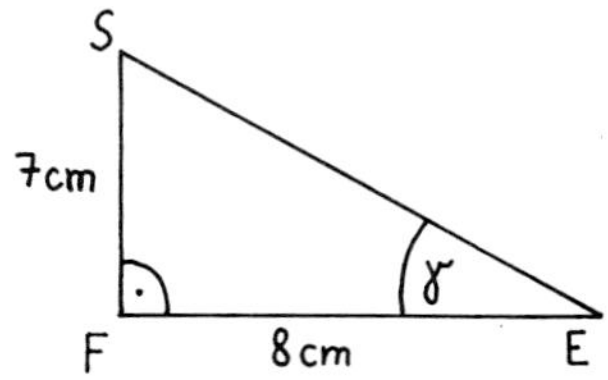

$\tan\gamma = \frac{\overline{FS}}{\overline{FE}}$ $\gamma \in]0°; 90°[$

$\tan\gamma = \frac{7\text{ cm}}{8\text{ cm}}$

$\gamma = 41{,}19°$

Berechnen Sie die Länge der Strecke [SE].
Im rechtwinkligen Dreieck PQS gilt der Satz des Pythagoras

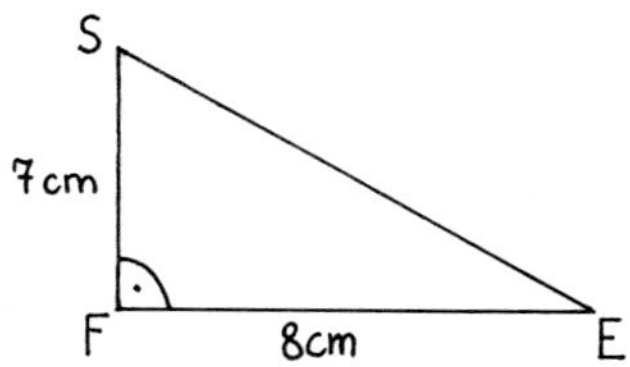

$\overline{SE}^2 = \overline{FS}^2 + \overline{FE}^2$

$\overline{SE}^2 = (7\text{ cm})^2 + (8\text{ cm})^2$

$\overline{SE} = 10{,}63\text{ cm}$

3.2 Einzeichnen der Pyramide $ABCDP_1$ mit $\overline{EP_1} = 3$ cm (siehe 3.1)

Berechnen Sie das Volumen der Pyramide $ABCDP_1$.
1) Berechnung von $\overline{HP_1}$ im rechtwinkligen Dreieck P_1H_1E
2) Für das Volumen der Pyramide gilt: $V = \frac{1}{3} \cdot A_G \cdot h$

zu 1)

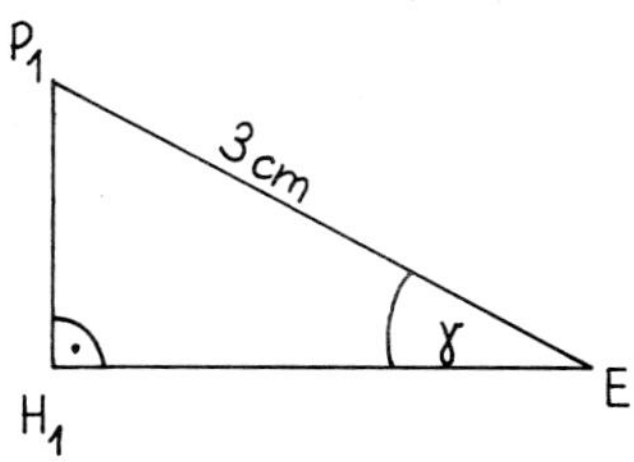

$\sin\gamma = \frac{\overline{H_1P_1}}{\overline{EP_1}}$

$\overline{H_1P_1} = \overline{EP_1} \cdot \sin\gamma$

$\overline{H_1P_1} = 3\text{ cm} \cdot \sin 41{,}19°$

$\overline{H_1P_1} = 1{,}98\text{ cm}$

zu 2)

$V = \frac{1}{3} \cdot A_G \cdot h$

$V = \frac{1}{3} \cdot A_{ABCD} \cdot \overline{H_1P_1}$

$V = \frac{1}{3} \cdot 8\text{ cm} \cdot 6\text{ cm} \cdot 1{,}98\text{ cm}$

$V = 31{,}68\text{ cm}^3$

3.3	Berechnen Sie den Wert für x , wenn der Winkel EFP_2 das Maß 70° hat.
	Lösung mit dem Sinussatz im beliebigen Dreieck FEP_2

zu 2)

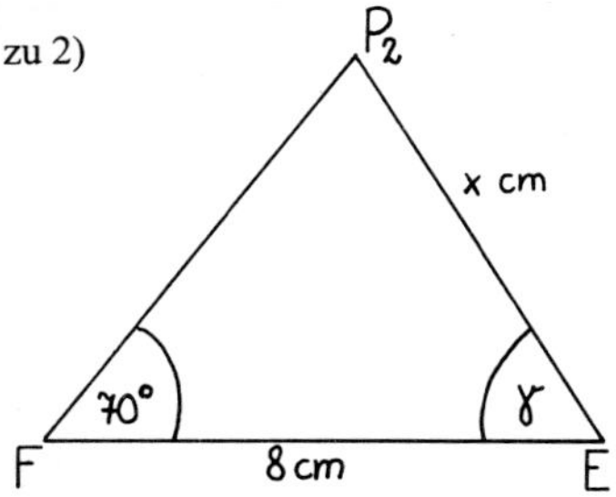

Sinussatz: $x < 10{,}63;\ x \in \mathbb{R}^+$

$$\frac{x\,\text{cm}}{\sin 70^\circ} = \frac{8\,\text{cm}}{\sin(180^\circ - (70^\circ + \gamma))}$$

$$\frac{x}{\sin 70^\circ} = \frac{8}{\sin(70^\circ + \gamma)}$$

$$x = \frac{8}{\sin(70^\circ + 41{,}19^\circ)} \cdot \sin 70^\circ$$

$$x = 8{,}06 \qquad \mathbb{L} = \{8{,}06\}$$

Berechnen Sie den Flächeninhalt der Seitenfläche DAP_2.
1) Berechnung der Höhe $\overline{FP_2}$ im beliebigen Dreieck FEP_2
2) Für den Flächeninhalt des Dreiecks DAP_2 gilt: $A = \frac{1}{2} \cdot g \cdot h$

zu 1)

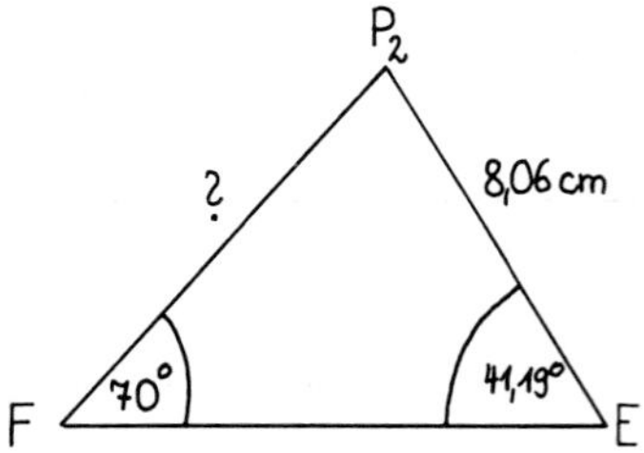

Sinussatz:

$$\frac{\overline{FP_2}}{\sin 41{,}19^\circ} = \frac{\overline{EP_2}}{\sin 70^\circ}$$

$$\overline{FP_2} = \frac{8{,}06\,\text{cm}}{\sin 70^\circ} \cdot \sin 41{,}19^\circ$$

$$\overline{FP_2} = 5{,}65\ \text{cm}$$

zu 2)

$$A = \frac{1}{2} \cdot g \cdot h$$

$$A = \frac{1}{2} \cdot \overline{AD} \cdot \overline{FP_2}$$

$$A = \frac{1}{2} \cdot 6\ \text{cm} \cdot 5{,}65\ \text{cm}$$

$$A = 16{,}95\ \text{cm}^2$$

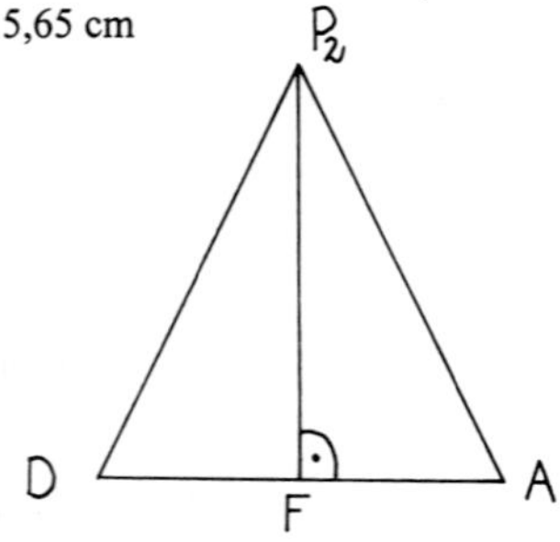

3.4	Stellen Sie die Streckenlängen $\overline{BP_n}$ (x), $\overline{FP_n}$ (x) und $\overline{AP_n}$ (x) jeweils in Abhängigkeit von x dar.
	1) Berechnung von $\overline{BP_n}$ (x) im rechtwinkligen Dreieck BEP_n
	2) Berechnung von $\overline{FP_n}$ (x) im beliebigen Dreieck FEP_n: Kosinussatz
	3) Berechnung von $\overline{AP_n}$ (x) im rechtwinkligen Dreieck FAP_n

zu 1)

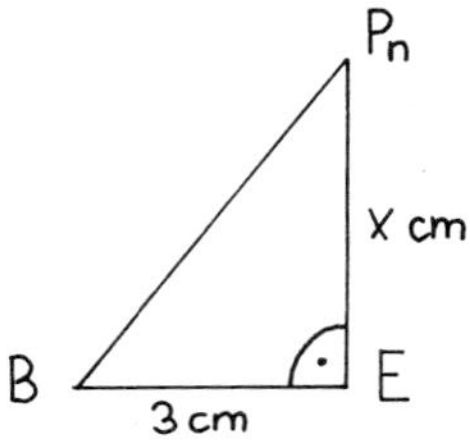

$x < 10{,}63;\ x \in IR^+$

$$\overline{BP_n}^2 = \overline{BE}^2 + \overline{EP_n}^2$$
$$\overline{BP_n}^2(x) = (3\text{ cm})^2 + (x\text{ cm})^2$$
$$\overline{BP_n}(x) = \sqrt{3^2 + x^2}\text{ cm}$$
$$\overline{BP_n}(x) = \sqrt{9 + x^2}\text{ cm}$$

zu 2) $\overline{FP_n} = \overline{FE}^2 + \overline{EP_n}^2 - 2 \cdot \overline{FE} \cdot \overline{EP_n} \cdot \cos\gamma$

$$\overline{FP_n}(x) = \sqrt{8^2 + x^2 - 2 \cdot 8 \cdot x \cdot \cos 41{,}19^\circ}\text{ cm}$$
$$\overline{FP_n}(x) = \sqrt{64 + x^2 - 12{,}04\,x}\text{ cm}$$
$$\overline{FP_n}(x) = \sqrt{x^2 - 12{,}04\,x + 64}\text{ cm}$$

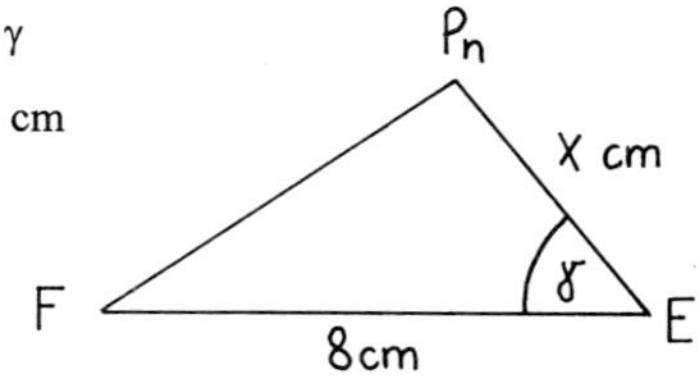

zu 3)

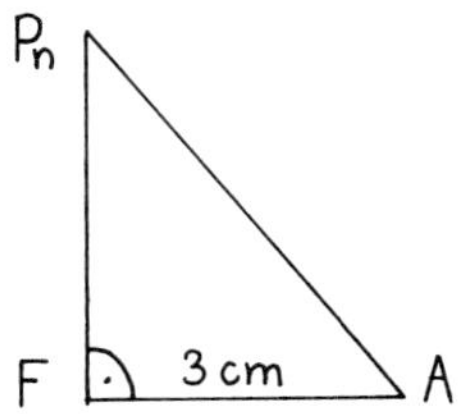

$$\overline{AP_n}^2 = \overline{AF}^2 + \overline{FP_n}^2$$
$$\overline{AP_n}^2(x) = (3\text{ cm})^2 + \left(\sqrt{x^2 - 12{,}04\,x + 64}\text{ cm}\right)^2$$
$$\overline{AP_n}(x) = \sqrt{3^2 + (x^2 - 12{,}04x + 64)}\text{ cm}$$
$$\overline{AP_n}(x) = \sqrt{x^2 - 12{,}04x + 73}\text{ cm}$$

Die Seitenkante $[AP_3]$ ist doppelt so lang wie die Seitenkante $[BP_3]$. Berechnen Sie den zugehörigen Wert für x.
Es gilt: $\overline{AP_3} = 2 \cdot \overline{BP_3}$

$\sqrt{x^2 - 12{,}04x + 73}\text{ cm} = 2 \cdot \sqrt{9 + x^2}\text{ cm}$ $\qquad x < 10{,}63;\ x \in IR^+$

Aus der Wurzeldefinition folgt:

$$x^2 - 12{,}04\,x + 73 = 4 \cdot (9 + x^2)$$
$$\Leftrightarrow x^2 - 12{,}04\,x + 73 = 36 + 4x^2$$
$$\Leftrightarrow 3x^2 + 12{,}04\,x - 37 = 0$$

a = 3
b = 12,04
c = - 37

$D = b^2 - 4 \cdot a \cdot c$
$D = 12{,}04^2 - 4 \cdot 3 \cdot (-37)$
$D = 588{,}9616$

$$x_{1,2} = \frac{-b \pm \sqrt{D}}{2 \cdot a}$$

$$\Leftrightarrow x_{1,2} = \frac{-12{,}04 \pm \sqrt{588{,}9616}}{2 \cdot 3}$$
$$\Leftrightarrow x_1 = 2{,}04 \ (\vee\ x_2 = -6{,}05) \qquad \mathbb{L} = \{2{,}04\}$$

Lösungsmuster Mathematik II A 1997

1.1

Berechen Sie die Gleichung der Parabel p.
Scheitelpunktgleichung einer Parabel p: $y = a \cdot (x - x_S)^2 + y_S$

Scheitel S (- 2 | - 1) ∈ p: $y = a \cdot (x - (-2))^2 + (-1)$ $\mathbb{G} = \mathbb{R} \times \mathbb{R}$

$y = a \cdot (x + 2)^2 - 1$ $a \in \mathbb{R} \setminus \{0\}$

Punkt P (1 | 3,5) ∈ p: $3{,}5 = a \cdot (1 + 2)^2 - 1$

<=> $3{,}5 = a \cdot 3^2 - 1$

<=> $3{,}5 = 9 \cdot a - 1$

<=> $9 \cdot a = 4{,}5$

<=> $a = 0{,}5$; $\mathbb{L} = \{0{,}5\}$

Scheitelpunktform: $y = 0{,}5 \cdot (x + 2)^2 - 1$

Umformung in die Normalform: $y = 0{,}5 \cdot (x^2 + 4x + 4) - 1$

$y = 0{,}5 \cdot x^2 + 2x + 1$

Berechnen Sie die Koordinaten der Schnittpunkte A und Q.
Es gilt: $p \cap g = \{ A ; Q \}$

I. $y = 0{,}5 \cdot x^2 + 2x + 1$

II. $\wedge\ y = 0{,}5x + 6$

Gleichsetzen: I. = II. => $0{,}5 \cdot x^2 + 2x + 1 = 0{,}5x + 6$ $\mathbb{G} = \mathbb{R}$

$0{,}5x^2 + 1{,}5x - 5 = 0$ $| \cdot 2$

$x^2 + 3x - 10 = 0$

$p = 3$

$\frac{p}{2} = 1{,}5$

$q = -10$

$D = (\frac{p}{2})^2 - q$

$D = 1{,}5^2 - (-10)$

$D = 12{,}25$

$x_{1,2} = -\frac{p}{2} \pm \sqrt{D}$

<=> $x_{1,2} = -1{,}5 \pm \sqrt{12{,}25}$

<=> $x_{1,2} = -1{,}5 \pm 3{,}5$

<=> $x_1 = -5 \vee x_2 = 2$ $\mathbb{L} = \{-5 ; 2\}$

Koordinaten der Punkte: A (- 5 | 0,5 · (- 5) + 6) ; A (- 5 | 3,5)

Q (2 | 0,5 · 2 + 6) ; Q (2 | 7)

1.2 Tabelle:

x	- 6	- 5	- 4	- 3	- 2	- 1	0	1	2
$0{,}5x^2 + 2x + 1$	7	3,5	1	- 0,5	- 1	- 0,5	1	3,5	7

Einzeichen der Parabel p und der Geraden g

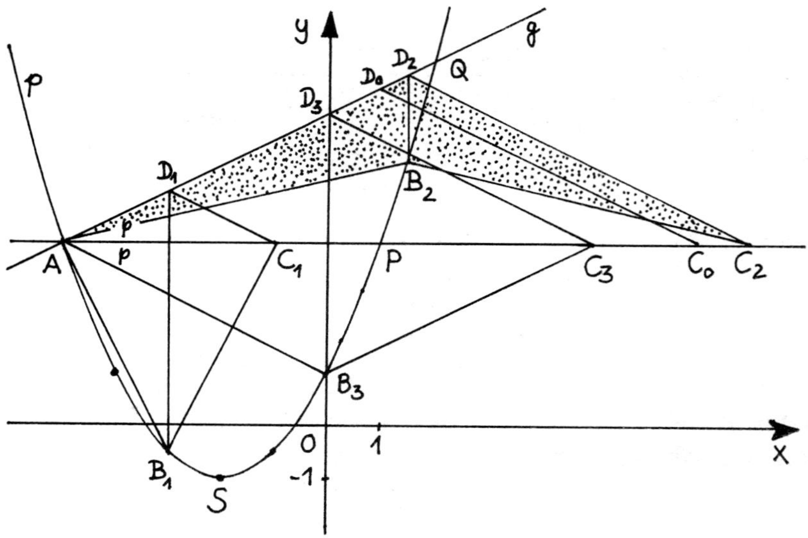

1.3 Einzeichnen der Drachenvierecke $AB_1C_1D_1$ für $x = -3$ und $AB_2C_2D_2$ für $x = 1{,}5$ sowie des Dreiecks AC_oD_o (siehe 1.2)

1.4

In einem der Drachenvierecke $AB_nC_nD_n$ sind die Diagonalen $[AC_n]$ und $[B_nD_n]$ gleich lang. Berechnen Sie den zugehörigen Wert für x.
1) Berechnung der Diagonalenlängen $\overline{AC_n}(x)$ und $\overline{B_nD_n}(x)$.
2) Für gleich lange Diagonalen gilt: $\overline{AC_n}(x) = \overline{B_nD_n}(x)$

zu 1) M_n ist der Mittelpunkt der Diagonalen $[AC_n]$; die Abszissen x der Punkte M_n und B_n, D_n sind gleich.

$-5 < x < 2;\ x \in \mathbb{R}$

$\overline{AM_n} = (x_{M_n} - x_A)$ LE

$\overline{AM_n}(x) = (x - (-5))$ LE $= (x + 5)$ LE

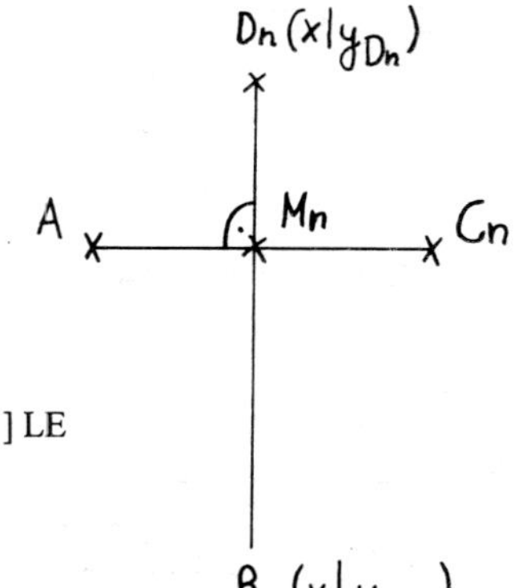

$\overline{AC_n}(x) = 2 \cdot \overline{AM_n}(x)$

$\overline{AC_n}(x) = 2 \cdot (x + 5)$ LE

$\overline{AC_n}(x) = (2x + 10)$ LE

$\overline{B_nD_n} = (y_{D_n} - y_{B_n})$ LE

$\overline{B_nD_n} = [(0{,}5x + 6) - (0{,}5 \cdot x^2 + 2x + 1)]$ LE

$\overline{B_nD_n} = [-0{,}5 \cdot x^2 - 1{,}5x + 5]$ LE

zu 2) Gleichsetzen: $-0{,}5 \cdot x^2 - 1{,}5x + 5 = 2x + 10$ $\qquad -5 < x < 2\,;\; x \in \mathbb{R}$

$$-0{,}5x^2 - 3{,}5x - 5 = 0 \qquad |\cdot(-2)$$
$$x^2 + 7x + 10 = 0$$

$p = 7$
$\frac{p}{2} = 3{,}5$
$q = 10$

$D = (\frac{p}{2})^2 - q$
$D = 3{,}5^2 - 10$
$D = 2{,}25$

$$x_{1,2} = -\frac{p}{2} \pm \sqrt{D}$$

$\Leftrightarrow \quad x_{1,2} = -3{,}5 \pm \sqrt{2{,}25}$

$\Leftrightarrow \quad x_{1,2} = -3{,}5 \pm 1{,}5$

$\Leftrightarrow \quad x_1 = -2 \quad (\vee \quad x_2 = -5)$ $\qquad$ Für $-5 < x < 2\,;\; x \in \mathbb{R}$ gilt: $\mathbb{L} = \{-2\}$

1.5

Die Winkel C_nAD_n sind maßgleich. Berechnen Sie das gemeinsame Maß φ.
Für die Steigung m einer Geraden g gilt: $\tan\varphi = m$

Die gesuchten Winkel sind maßgleich mit dem Neigungswinkel der Geraden g:

Steigung m: $\qquad m = 0{,}5$

$$\tan\varphi = 0{,}5$$
$$\varphi = 26{,}57^\circ$$

Für $\varphi \in]\,0^\circ; 90^\circ[$ gilt: $\mathbb{L} = \{26{,}57^\circ\}$

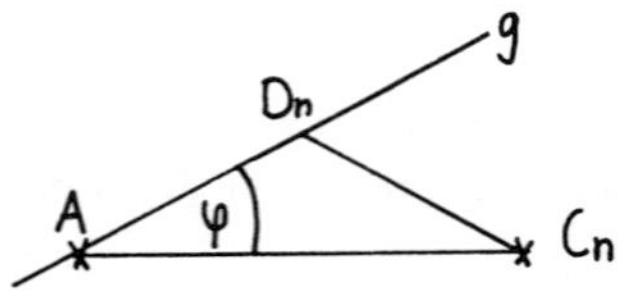

1.6 Einzeichnen der Raute $AB_3C_3D_3$ (siehe 1.2)

Die Konstruktion beginnt man mit dem Winkel φ :

a) $\sphericalangle C_nAD_n = \sphericalangle B_nAC_n$

b) $\{B_3\} = [AB_3 \cap p$

c) Ergänzen der Eckpunkte D_3 und C_3

Berechnen Sie die Koordinaten des Eckpunktes D_3 der Raute $AB_3C_3D_3$.
Die Diagonalen einer Raute halbieren sich gegenseitig.

Für den Schnittpunkt M_n der Rautendiagonalen gilt: $y_{M_n} = y_A = 3{,}5$

$$\overline{D_nM_n} = \overline{M_nB_n}$$

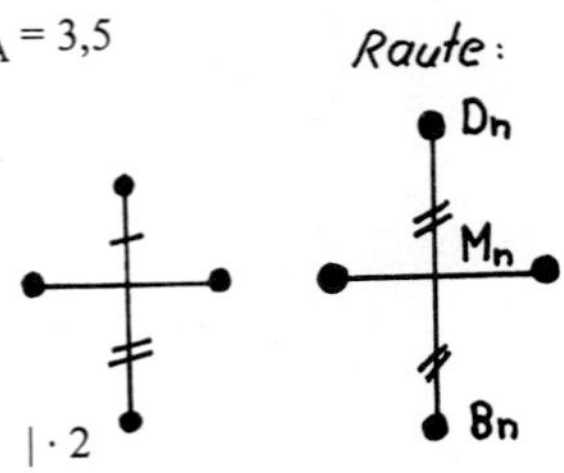

$$(y_{D_n} - y_{M_n})\,LE = (y_{M_n} - y_{B_n})\,LE$$

$$(0{,}5x + 6) - 3{,}5 = 3{,}5 - (0{,}5 \cdot x^2 + 2x + 1)$$

$\Leftrightarrow \quad 0{,}5x + 2{,}5 = -0{,}5 \cdot x^2 - 2x + 2{,}5$

$\Leftrightarrow \quad 0{,}5x^2 + 2{,}5x = 0 \qquad |\cdot 2$

$\Leftrightarrow \quad x^2 + 5x = 0$

$\Leftrightarrow \quad x \cdot (x + 5) = 0 \qquad$ (x Ausklammern)

$\Leftrightarrow \quad x = 0 \;\vee\; x = -5$

Für $-5 < x < 2\,;\; x \in \mathbb{R}$ gilt: $\mathbb{L} = \{0\}$

Koordinaten des Eckpunktes D_3: $D_3(\,0\,|\,0{,}5 \cdot 0 + 6)$; $\qquad D_3(\,0\,|\,6\,)$

2.1 Zeichnen des Axialschnitts der Boje ABCDEF (1 m = 3 cm)

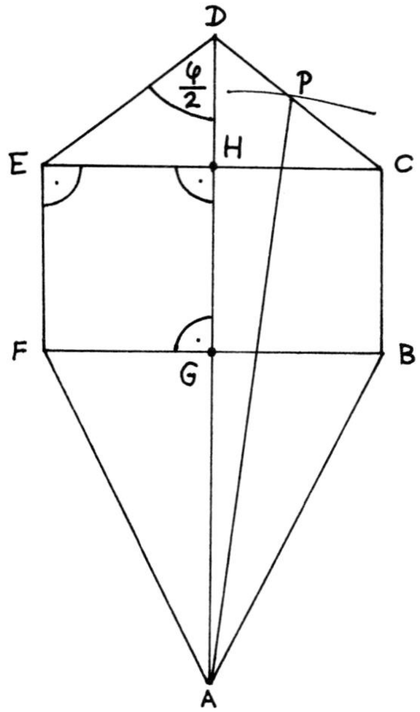

Berechnen Sie den Durchmesser $\overline{FB}$ der Boje.
1) Berechnung der Streckenlänge $\overline{GB}$ im rechtwinkligen Dreieck ABG.
2) Berechnung des Durchmessers $\overline{FB}$

zu 1) AD ist Symmetrieachse der Boje, d.h. der Winkel BAF wird von AD halbiert.
Im rechtwinkligen Dreieck ABG gilt:

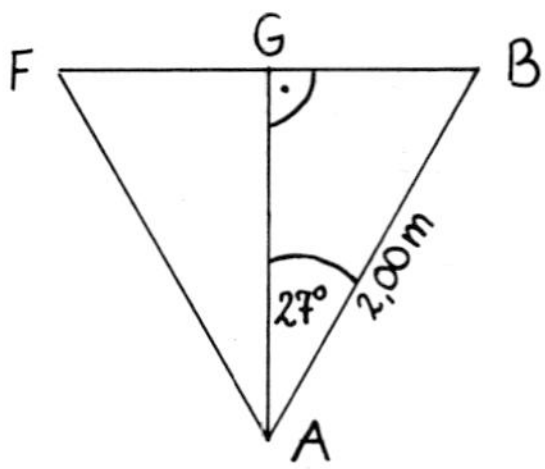

$\sin 27° = \frac{\overline{GB}}{\overline{AB}}$

$\overline{GB} = 2{,}00 \text{ m} \cdot \sin 27°$

$\overline{GB} = 0{,}91 \text{ m}$

zu 2) G ist der Mittelpunkt der Strecke [FB]

$\overline{FB} = 2 \cdot \overline{GB}$ $\quad \overline{FB} = 2 \cdot 0{,}91 \text{ m}$ $\quad \overline{FB} = 1{,}82 \text{ m}$

2.2

Berechnen Sie das Maß φ des Winkels EDC .
Im rechtwinkligen Dreieck EHD gilt: $\tan \frac{\varphi}{2} = \frac{\text{Länge der Gegenkathete}}{\text{Länge der Ankathete}}$

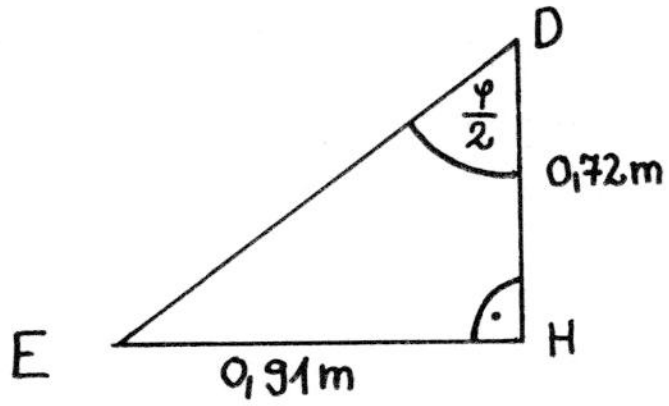

$$\tan\frac{\varphi}{2} = \frac{\overline{EH}}{\overline{DH}} \qquad \frac{\varphi}{2} \in\,]\,0°;\,90°\,[$$

$$\tan\frac{\varphi}{2} = \frac{0{,}91\ \text{m}}{0{,}72\ \text{m}} = 1{,}26$$

$$\frac{\varphi}{2} = 51{,}65°$$

$$\varphi = 103{,}30°$$

Berechnen Sie das Volumen der Boje.
1) Ermittlung der Streckenlängen $\overline{AG}$ und $\overline{DH}$. 2) Für das Volumen der Boje gilt: $V_{Boje} = V_{Kegel\,1} + V_{Zylinder} + V_{Kegel\,2}$

zu 1) Im rechtwinkligen Dreieck ABG gilt:

$$\cos 27° = \frac{\overline{AG}}{\overline{AB}}$$

$$\overline{AG} = 2{,}00\ \text{m} \cdot \cos 27°$$

$$\overline{AG} = 1{,}78\ \text{m}$$

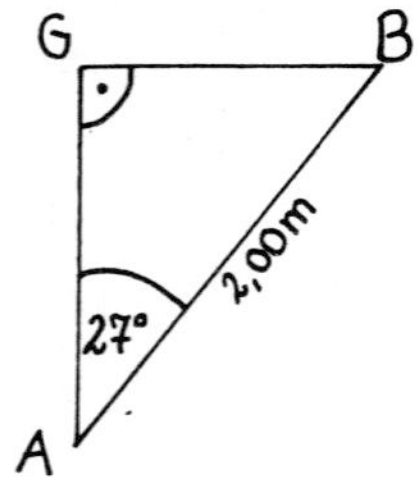

$$\overline{DH} = \overline{AD} - \overline{AG} - \overline{GH}$$

$$\overline{DH} = 3{,}50\ \text{m} - 1{,}78\ \text{m} - 1{,}00\ \text{m}$$

$$\overline{DH} = 0{,}72\ \text{m}$$

zu 2) Volumen des Kegels 1:

$$V_{Kegel\,1} = \frac{1}{3} \cdot A_G \cdot h$$

$$V_{Kegel\,1} = \frac{1}{3} \cdot \overline{FG}^2 \cdot \pi \cdot \overline{AG}$$

$$V_{Kegel\,1} = \frac{1}{3} \cdot (0{,}91\ \text{m})^2 \cdot \pi \cdot 1{,}78\ \text{m}$$

$$V_{Kegel\,1} = 1{,}54\ \text{m}^3$$

Volumen des Zylinders:

$$V_{Zylinder} = A_G \cdot h$$

$$V_{Zylinder} = \overline{EH}^2 \cdot \pi \cdot \overline{GH}$$

$$V_{Zylinder} = (0{,}91\ \text{m})^2 \cdot \pi \cdot 1{,}00\ \text{m}$$

$$V_{Zylinder} = 2{,}60\ \text{m}^3$$

Volumen des Kegels 2:

$$V_{Kegel\,2} = \frac{1}{3} \cdot \overline{EH}^2 \cdot \pi \cdot \overline{DH}$$

$$V_{Kegel\,2} = \frac{1}{3} \cdot (0{,}91\ \text{m})^2 \cdot \pi \cdot 0{,}72\ \text{m}$$

$$V_{Kegel\,2} = 0{,}62\ \text{m}^3$$

Volumen der Boje:

$$V_{Boje} = V_{Kegel\,1} + V_{Zylinder} + V_{Kegel\,2}$$

$$V_{Boje} = 1{,}54\ \text{m}^3 + 2{,}60\ \text{m}^3 + 0{,}62\ \text{m}^3$$

$$V_{Boje} = 4{,}76\ \text{m}^3$$

(Abweichungen durch Runden möglich: $V_{Boje} = 4{,}77\ \text{m}^3$)

2.3 Berechnen Sie den Flächeninhalt A der zu streichenden Fläche in Quadratmeter.

1) Berechnung der Streckenlänge $\overline{ED}$ im rechtwinkligen Dreieck EHD.
2) Für A gilt: A = Mantelfläche (Kegel ECD) + Mantelfläche (Zylinder)

zu 1) Satz des Pythagoras:

$\overline{ED}^2 = \overline{EH}^2 + \overline{DH}^2$

$\overline{ED}^2 = (0{,}91\text{ m})^2 + (0{,}72\text{ m})^2$

$\overline{ED} = 1{,}16\text{ m}$

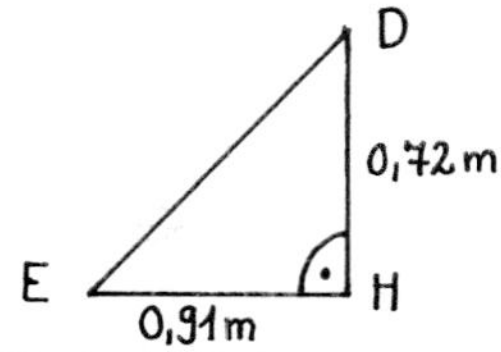

zu 2) : A = Mantelfläche (Kegel ECD) + Mantelfläche (Zylinder BCEF)

$A = \pi \cdot r \cdot m + 2 \cdot r \cdot \pi \cdot h$

$A = \pi \cdot \overline{EH} \cdot \overline{ED} + 2 \cdot \overline{EH} \cdot \pi \cdot \overline{BC}$

$A = \pi \cdot 0{,}91\text{ m} \cdot 1{,}16\text{ m} + 2 \cdot 0{,}91\text{ m} \cdot \pi \cdot 1{,}00\text{ m}$

$A = 3{,}32\text{ m}^2 + 5{,}72\text{ m}^2$

$A = 9{,}04\text{ m}^2$

2.4 Einzeichnen von [AP] (siehe 2.1)
Kreis um A mit Radius 3,20 m (entspricht in der Zeichnung: r = 9,6 cm)

Berechnen Sie die Entfernung des Befestigungspunktes P von der Kegelspitze D.

Lösung mit dem Kosinussatz im beliebigen Dreieck APD

$\overline{AP}^2 = \overline{AD}^2 + \overline{DP}^2 - 2 \cdot \overline{AD} \cdot \overline{DP} \cdot \cos \frac{\varphi}{2}$

$3{,}20^2 = 3{,}50^2 + x^2 - 2 \cdot 3{,}50 \cdot x \cdot \cos 51{,}65^\circ$

$\Leftrightarrow 10{,}24 = 12{,}25 + x^2 - 4{,}34 \cdot x$

$\Leftrightarrow x^2 - 4{,}34 \cdot x + 2{,}01 = 0$

$p = -4{,}34$
$\frac{p}{2} = -2{,}17$
$q = 2{,}01$

$D = (\frac{p}{2})^2 - q$
$D = (-2{,}17)^2 - 2{,}01$
$D = 2{,}70$

$x_{1,2} = -\frac{p}{2} \pm \sqrt{D}$

$\Leftrightarrow x_{1,2} = -(-2{,}17) \pm \sqrt{2{,}70}$

$\Leftrightarrow x_{1,2} = 2{,}17 \pm 1{,}64$

$\Leftrightarrow x_1 = 0{,}53 \quad (\vee \quad x_2 = 3{,}81)$

Für $\overline{DP} = x$ m ($\overline{DP} < \overline{DC} = 1{,}16$ m) und $x \in]\,0\,;\,1{,}16\,[\,;\ x \in \mathbb{R}^+$ gilt: $\mathbb{L} = \{\,0{,}53\,\}$

$\overline{DP} = 0{,}53$ m

3.1 Zeichnen des Rechtecks PQRS und der Diagonalen [QS]

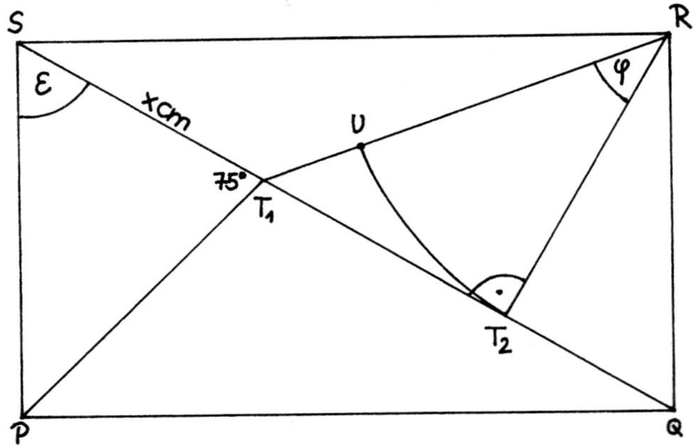

Berechnen Sie das Maß ε des Winkels PSQ .
Im rechtwinkligen Dreieck PQS gilt: $\tan \varepsilon = \frac{\text{Länge der Gegenkathete}}{\text{Länge der Ankathete}}$

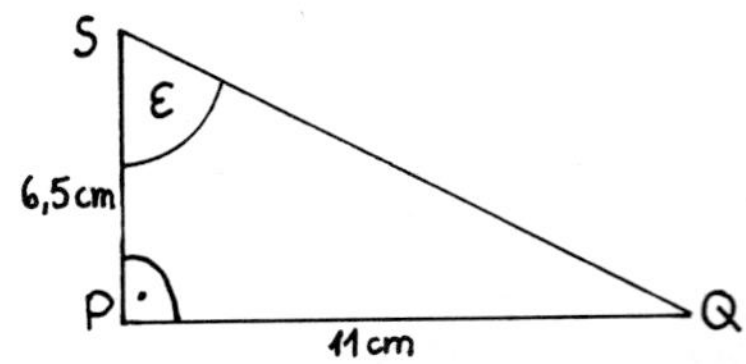

$$\tan \varepsilon = \frac{\overline{PQ}}{\overline{PS}} \qquad \varepsilon \in \,]0^\circ; 90^\circ[$$

$$\tan \varepsilon = \frac{11\text{ cm}}{6{,}5\text{ cm}}$$

$$\varepsilon = 59{,}42^\circ$$

Berechnen Sie die Länge der Diagonalen [QS].
Im rechtwinkligen Dreieck PQS gilt der Satz des Pythagoras

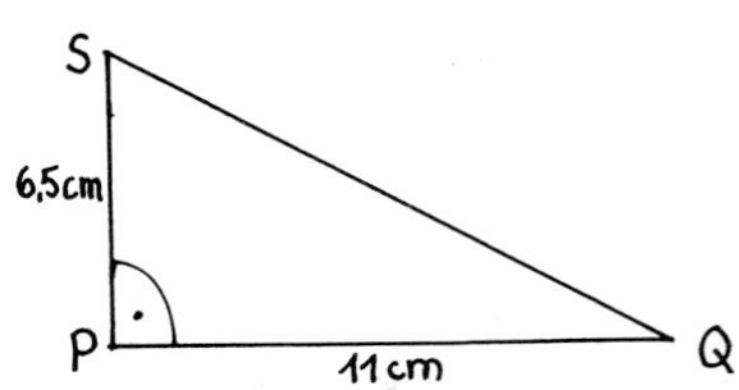

$$\overline{QS}^2 = \overline{PQ}^2 + \overline{PS}^2$$

$$\overline{QS}^2 = (11\text{ cm})^2 + (6{,}5\text{ cm})^2$$

$$\overline{QS}^2 = 163{,}25\text{ cm}^2$$

$$\overline{QS} = 12{,}78\text{ cm}$$

3.2 Einzeichnen der Strecken $[PT_1]$ und $[T_1R]$ (siehe 3.1)

Berechnen Sie den zu T_1 gehörenden Wert für x und die Streckenlänge $\overline{T_1R}$.
1) Ermittlung des Winkels $\mu = ∢\, T_1PS$ 2) Berechnung von x : Sinussatz im beliebigen Dreieck PT_1S 3) Berechnung von $\overline{T_1R}$ im beliebigen Dreieck : Kosinussatz

zu 1) Für die Winkelsumme im Dreieck PT_1S gilt:

$$\mu + \varepsilon + 75^\circ = 180^\circ$$

$$\mu = 180^\circ - (\varepsilon + 75^\circ)$$

$$\mu = 45{,}58^\circ$$

zu 2)

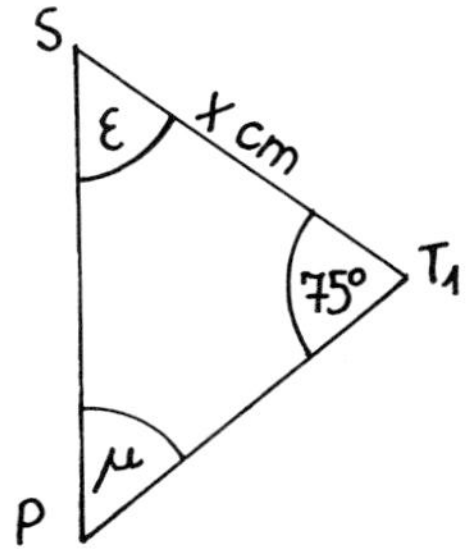

Sinussatz: $\quad 0 < x < 12{,}78;\ x \in \mathrm{IR}$

$$\frac{\overline{ST_1}}{\sin\mu} = \frac{\overline{PS}}{\sin 75^\circ}$$

$$\frac{x\,\text{cm}}{\sin 45{,}58^\circ} = \frac{6{,}5\,\text{cm}}{\sin 75^\circ}$$

$$x = \frac{6{,}5}{\sin 75^\circ} \cdot \sin 45{,}58^\circ$$

$$x = 4{,}81$$

zu 3) $\varepsilon' = 90^\circ - \varepsilon$

$\varepsilon' = 90^\circ - 59{,}42^\circ$

$\varepsilon' = 30{,}58^\circ$

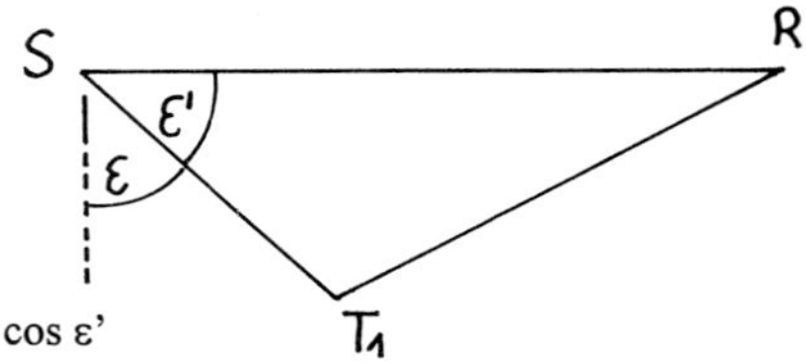

Kosinussatz:

$$\overline{T_1R}^2 = \overline{ST_1}^2 + \overline{SR}^2 - 2 \cdot \overline{ST_1} \cdot \overline{SR} \cdot \cos\varepsilon'$$

$$\overline{T_1R}^2 = (4{,}81^2 + 11^2 - 2 \cdot 4{,}81 \cdot 11 \cdot \cos 30{,}58^\circ)\,\text{cm}^2$$

$$\overline{T_1R} = 7{,}28\ \text{cm}$$

3.3 Einzeichnen des Kreisbogens $\widehat{UT_2}$ (siehe 3.1)

Berechnen Sie den zu T_2 gehörenden Wert für x
Im rechtwinkligen Dreieck S T_2R gilt: $\cos\varepsilon = \dfrac{\text{Länge der Ankathete}}{\text{Länge der Hypotenuse}}$

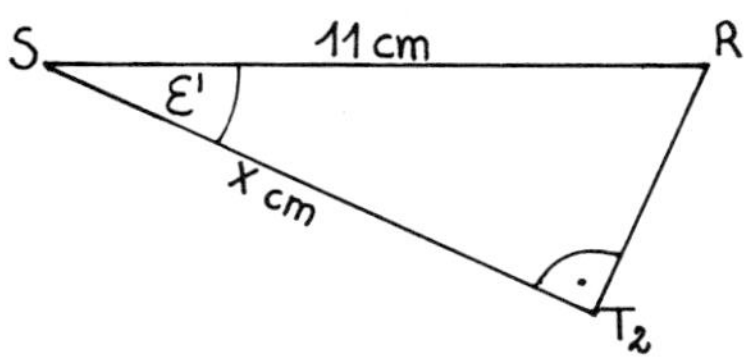

$$\cos\varepsilon' = \frac{\overline{ST_2}}{\overline{SR}}$$

$$\cos\varepsilon' = \frac{x\,\text{cm}}{11\,\text{cm}}$$

$$x = 11 \cdot \cos 30{,}58^\circ$$

$$x = 9{,}47$$

Berechnen Sie den Flächeninhalt A der Figur.
1) Berechnung der Hilfsgrößen $\overline{RT_2}$, $\overline{T_1T_2}$ und $\varphi = \sphericalangle\, T_1RT_2$
2) Berechnung der Flächeninhalte des Dreiecks RT_1T_2 und des Kreissektors RUT_2.
3) Für den Flächeninhalt A gilt hier: $A = A_{\text{Dreieck}} - A_{\text{Kreissektor}}$

zu 1) Im rechtwinkligen Dreieck RST_2 gilt: $\quad \sin\varepsilon' = \dfrac{\overline{RT_2}}{\overline{SR}}$

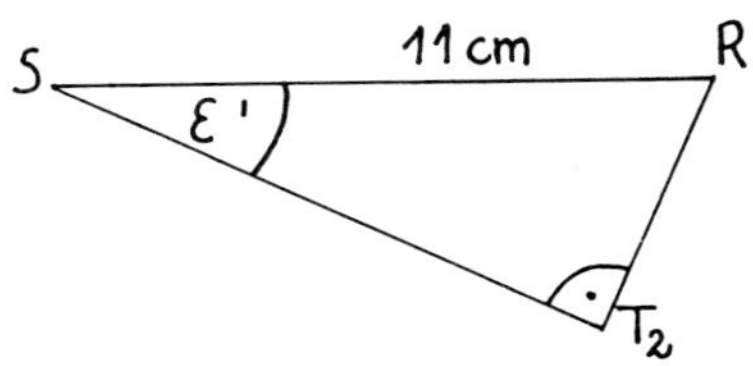

$$\overline{RT_2} = \overline{SR} \cdot \sin\varepsilon'$$

$$\overline{RT_2} = 11\ \text{cm} \cdot \sin 30{,}58^\circ$$

$$\overline{RT_2} = 5{,}60\ \text{cm}$$

Für $\overline{T_1T_2}$ gilt: $\overline{T_1T_2} = \overline{ST_2} - \overline{ST_1}$; $\overline{T_1T_2} = 9{,}47\text{ cm} - 4{,}81\text{ cm}$; $\overline{T_1T_2} = 4{,}66\text{ cm}$

Berechnung von $\varphi = \sphericalangle T_1RT_2$ im rechtwinkligen Dreieck RT_1T_2 :

$$\tan\varphi = \frac{\overline{T_1T_2}}{\overline{RT_2}}$$

$$\tan\varphi = \frac{4{,}66\text{ cm}}{5{,}60\text{ cm}}$$

$$\varphi = 39{,}77^\circ$$

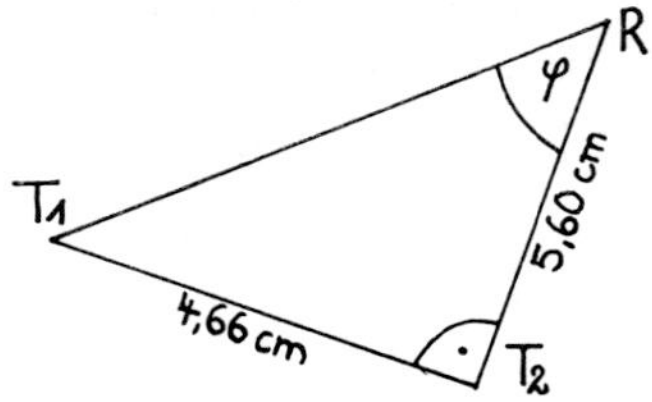

zu 3) Flächeninhalt des Dreiecks RT_1T_2 :

$$A_1 = 0{,}5 \cdot \overline{T_1T_2} \cdot \overline{RT_2}$$
$$A_1 = 0{,}5 \cdot 4{,}66\text{ cm} \cdot 5{,}60\text{ cm}$$
$$A_1 = 13{,}05\text{ cm}^2$$

Flächeninhalt des Kreissektors RUT_2:

$$A_S = \frac{r^2 \cdot \pi}{360^\circ} \cdot \varphi \qquad \text{mit } r = \overline{RT_2}$$

$$A_S = \frac{(5{,}60\text{ cm})^2 \cdot \pi}{360^\circ} \cdot 39{,}77^\circ$$

$$A_S = 10{,}88\text{ cm}^2$$

Flächeninhalt der Figur:

$$A = A_1 - A_S$$
$$A = 13{,}05\text{ cm}^2 - 10{,}88\text{ cm}^2$$
$$A = 2{,}17\text{ cm}^2$$

3.4

Zeigen Sie rechnerisch, daß der Flächeninhalt A (x) der Vierecke PT_nRS wie folgt in Abhängigkeit von x dargestellt werden kann: $A(x) = 5{,}60\, x\text{ cm}^2$.
Flächeninhalt der Vierecke: A = A (Dreieck SPT_n) + A (Dreieck T_nRS)

Vierecke:

$$A = A_{\Delta SPT_n} + A_{\Delta T_nRS}$$

$$A = \frac{1}{2} \cdot \overline{SP} \cdot \overline{ST_n} \cdot \sin\varepsilon + \frac{1}{2} \cdot \overline{ST_n} \cdot \overline{SR} \cdot \sin\varepsilon'$$

$$A = \left(\frac{1}{2} \cdot 6{,}5 \cdot x \cdot \sin 59{,}42^\circ + \frac{1}{2} \cdot x \cdot 11 \cdot \sin 30{,}58^\circ\right)\text{ cm}^2$$

$$A = (2{,}80 \cdot x + 2{,}80 \cdot x)\text{ cm}^2$$

$$A = 5{,}60 \cdot x\text{ cm}^2 \qquad 0 < x < 12{,}78 ;\ x \in \mathbb{R}^+$$

Der Flächeninhalt des Vierecks PT_3RS beträgt 30 % vom Flächeninhalt des Vierecks $PQRT_3$. Berechnen Sie den zu T_3 gehörenden Wert für x.
Prozentrechnung: $\text{Prozentsatz} = \frac{\text{Prozentwert}}{\text{Grundwert}} \cdot 100\ \%$

Flächeninhalt Viereck PQRS:
$$A_o = 11\ cm \cdot 6{,}5\ cm$$
$$A_o = 71{,}50\ cm^2$$

Flächeninhalt Viereck PT_3RS:
$$A = 5{,}60 \cdot x\ cm^2$$

Flächeninhalt Viereck $PQRT_3$:
$$A' = A_o - A$$
$$A' = (71{,}50 - 5{,}60 \cdot x)\ cm^2$$

Prozentanteil: 30 % von A' = A

$$\frac{30}{100} \cdot (71{,}50 - 5{,}60 \cdot x)\ cm^2 = 5{,}60 \cdot x\ cm^2$$
$$21{,}45 - 1{,}68 \cdot x = 5{,}60 \cdot x$$
$$21{,}45 = 7{,}28 \cdot x$$
$$x = 2{,}95$$

Für $0 < x < 12{,}78$; $x \in IR^+$ gilt: $IL = \{2{,}95\}$

Lösungsmuster Mathematik II B 1997

1.0 Gegeben: Parabel p_1 mit $y = 0{,}25\,x^2 - 3{,}5\,x + 14$; Gerade g mit $y = 0{,}5\,x - 2$

1.1

Zeigen Sie durch Rechnung, daß die Gerade g die Parabel p_1 im Punkt C berührt.
1) Schnittpunktbedingung: $p_1 \cap g$ 2) Tangentenbedingung: Diskriminante D = 0

zu 1) Schnittpunktbedingung:

$$\begin{array}{l|l} \text{I.} & y = 0{,}25 \cdot x^2 - 3{,}5\,x + 14 \\ \text{II.} & \wedge\; y = 0{,}5\,x - 2 \end{array}$$

Gleichsetzen: I. = II. => $0{,}25 \cdot x^2 - 3{,}5\,x + 14 = 0{,}5\,x - 2$ $\mathbb{G} = \mathbb{R}$

<=> $0{,}25 \cdot x^2 - 4\,x + 16 = 0$ $| \cdot 4$

<=> $x^2 - 16\,x + 64 = 0$

zu 2) Tangentenbedingung:

$p = -16$ $\frac{p}{2} = -8$ $q = 64$	$D = (\frac{p}{2})^2 - q$ $D = (-8)^2 - 64$ $D = 0$

D = 0 => 1 Lösung:
Die Parabel und die Gerade berühren sich in einem Punkt.

x-Koordinate des Berührpunktes: $x = -\frac{p}{2}$

$x = -(-8) = 8$ $\mathbb{L} = \{ 8 \}$

Koordinaten des Punktes C: $C(\,8 \,|\, 0{,}5 \cdot 8 - 2)$; $C(\,8 \,|\, 2)$

1.2

Berechen Sie die Koordinaten des Scheitelpunktes S der Parabel p_2.
Scheitelpunktbestimmung durch Quadratische Ergänzung

$y = x^2 - 16\,x + 69$ $\mathbb{G} = \mathbb{R} \times \mathbb{R}$

<=> $y = x^2 - 16\,x + 8^2 - 8^2 + 69$

<=> $y = (x - 8)^2 - 64 + 69$

<=> $y = (x - 8)^2 + 5$

Koordinaten des Scheitelpunktes: S (8 | 5)

Tabelle für p_1:

x	2	3	4	5	6	7	8	9	10	11
$0{,}25\,x^2 - 3{,}5\,x + 14$	8	5,75	4	2,75	2	1,75	2	2,75	4	5,75

Einzeichnen der Geraden g und der Parabeln p_1 und p_2

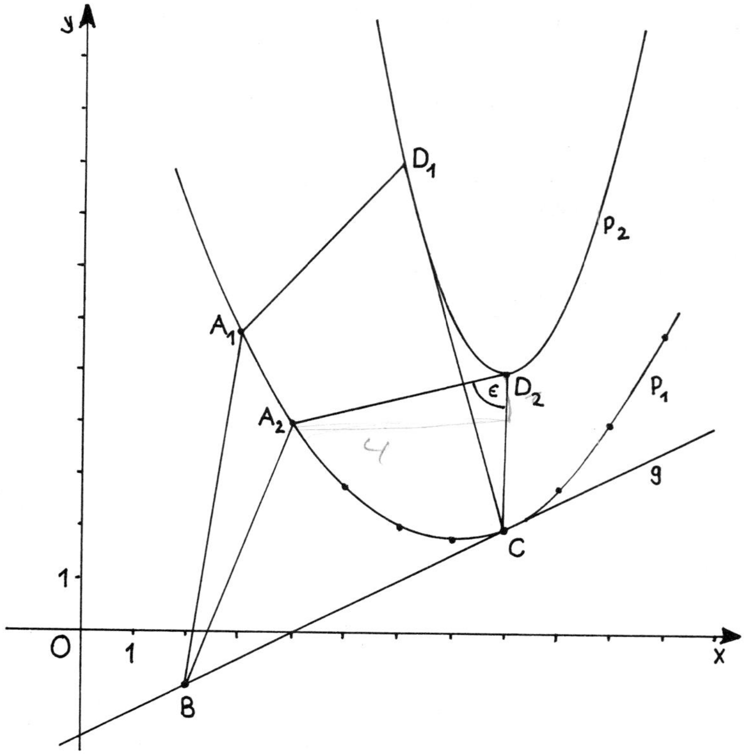

1.3 Einzeichnen der Vierecke A_1BCD_1 für x = 3 und A_2BCD_2 für x = 4 (siehe 1.2)

Berechnen Sie das Maß des Winkels A_2D_2C im Viereck A_2BCD_2
Für die Steigung eines Pfeils $\begin{pmatrix} x \\ y \end{pmatrix}$ gilt: $\tan \varepsilon = m = \frac{y}{x}$

Pfeil: $\overrightarrow{A_2D_2} = \begin{pmatrix} 8-4 \\ 5-4 \end{pmatrix} = \begin{pmatrix} 4 \\ 1 \end{pmatrix}$

Im Steigungsdreieck gilt: $\tan \varepsilon^* = \frac{y}{x}$

$$\tan \varepsilon^* = \frac{1\,\text{LE}}{4\,\text{LE}}$$

$$\varepsilon^* = 14{,}04^\circ$$

$$\Rightarrow \varepsilon = 90^\circ - \varepsilon^*$$

$$\varepsilon = 75{,}96^\circ$$

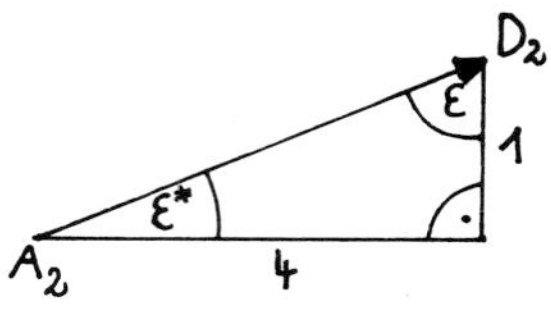

oder: $\tan \varepsilon = \frac{4\,\text{LE}}{1\,\text{LE}}$; $\varepsilon = 75{,}96^\circ$

1.4

Ermitteln Sie die Koordinaten der Punkte D_n in Abhängigkeit von der Abszisse x der Punkte A_n.
Es gilt: $x_D = 2 \cdot x_A$

$D_n (x_D \mid y_D) \in p_2$ $\quad$ $A_n (x \mid y) \in p_1$

$D_n (x_D \mid x_D^2 - 16 x_D + 69)$ $\quad$ mit $x_D = 2 \cdot x$ gilt:

$D_n (2 \cdot x \mid (2 \cdot x)^2 - 16 \cdot (2 \cdot x) + 69)$

$D_n (2 \cdot x \mid 4 \cdot x^2 - 32 \cdot x + 69)$

1.5

Berechnen Sie die zugehörigen Werte für x für die beiden Vierecke.
1) Berechnung der Steigung m der Pfeile $\overrightarrow{A_nD_n}$ und $\overrightarrow{BC}$.   2) Parallele Pfeile haben dieselbe Steigung $m = \frac{\Delta y}{\Delta x}$

zu 1) $\overrightarrow{A_nD_n} = \begin{pmatrix} 2x - x \\ 4x^2 - 32x + 69 - (0{,}25x^2 - 3{,}5x + 14) \end{pmatrix} = \begin{pmatrix} x \\ 3{,}75x^2 - 28{,}5x + 55 \end{pmatrix}$

$\overrightarrow{BC} = \begin{pmatrix} 8 - 2 \\ 2 - (-1) \end{pmatrix} = \begin{pmatrix} 6 \\ 3 \end{pmatrix}$

Steigung der Pfeile $\overrightarrow{A_nD_n}$: $m = \frac{\Delta y}{\Delta x} = \frac{3{,}75x^2 - 28{,}5x + 55}{x}$

Steigung des Pfeils $\overrightarrow{BC}$: $m' = \frac{\Delta y}{\Delta x} = \frac{3}{6} = 0{,}5$

zu 2) Die Steigungsfaktoren m sind gleich:

Gleichsetzen: $\Rightarrow \quad \frac{3{,}75x^2 - 28{,}5x + 55}{x} = 0{,}5 \qquad 1 \leqq x < 5;\ x \in \mathbb{R}$

$\Leftrightarrow \quad 3{,}75 \cdot x^2 - 28{,}5x + 55 = 0{,}5x$

$\Leftrightarrow \quad 3{,}75x^2 - 29x + 55 = 0$

a = 3,75   b = - 29   c = 55

$D = b^2 - 4 \cdot a \cdot c$ $D = (-29)^2 - 4 \cdot 3{,}75 \cdot 55$ $D = 841 - 825 = 16$

$x_{1,2} = \frac{-b \pm \sqrt{D}}{2 \cdot a}$

$\Leftrightarrow \quad x_{1,2} = \frac{-(-29) \pm \sqrt{16}}{2 \cdot 3{,}75}$

$\Leftrightarrow \quad x_1 = 3{,}33 \vee x_2 = 4{,}4 \qquad \mathbb{L} = \{3{,}33;\ 4{,}4\}$

2.1 Zeichnen des Drachenvierecks ABCD im Maßstab 1 : 10

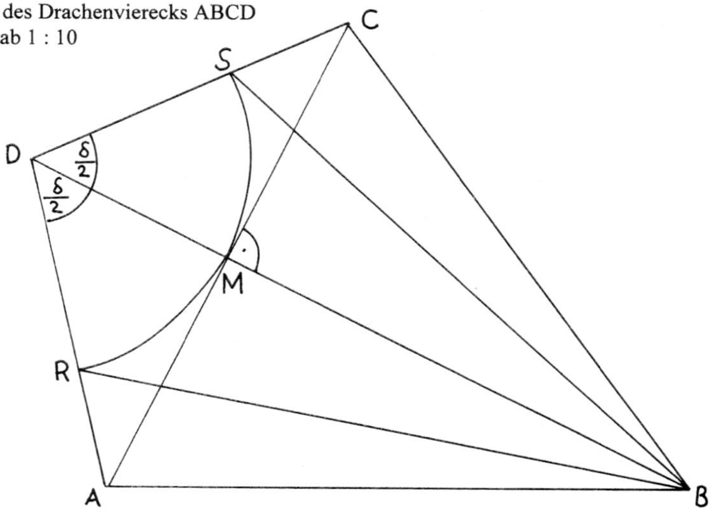

Berechnen Sie das Maß δ des Winkels ADC.
Lösung mit dem Kosinussatz im beliebigen Dreieck ABD

$$\overline{AB}^2 = \overline{AD}^2 + \overline{BD}^2 - 2 \cdot \overline{AD} \cdot \overline{BD} \cos\frac{\delta}{2}$$

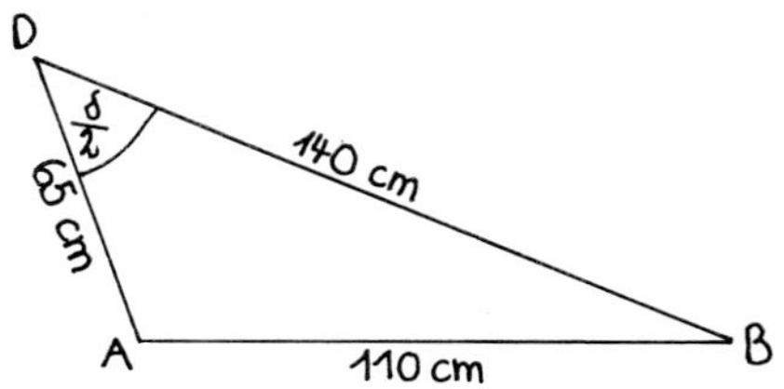

$$\cos\frac{\delta}{2} = \frac{\overline{AD}^2 + \overline{BD}^2 - \overline{AB}^2}{2 \cdot \overline{AD} \cdot \overline{BD}}$$

$$\cos\frac{\delta}{2} = \frac{65^2 + 140^2 - 110^2}{2 \cdot 65 \cdot 140}$$

$\frac{\delta}{2} = 49{,}89°$ Für $\delta \in \,]0°; 180°[$ gilt: $\delta = 99{,}78°$

2.2 Einzeichnen des Bogens $\widehat{RS}$ (siehe 2.1)

2.3 Einzeichnen der Strecken [BR] und [BS] (siehe 2.1)

Berechnen Sie den Radius $\overline{DM}$ des Kreises k, die Länge des Bogens RS und die Leistenlänge $\overline{BR}$ (jeweils auf Millimeter).
1) Berechnung von $\overline{DM}$ im rechtwinkligen Dreieck AMD 2) Berechnung der Länge b des Kreisbogens $\widehat{RS}$ 3) Berechnung der Leistenlänge $\overline{BR}$ im beliebigen Dreieck RBD

zu 1) $\cos\frac{\delta}{2} = \frac{\overline{DM}}{\overline{AD}}$

$$\overline{DM} = \overline{AD} \cdot \cos\frac{\delta}{2}$$

$$\overline{DM} = 65\text{ cm} \cdot \cos 49{,}89°$$

$$\overline{DM} = 41{,}9\text{ cm}$$

zu 2) Für die Bogenlänge gilt allgemein: $b = \frac{2 \cdot r \cdot \pi}{360^\circ} \cdot \varphi$

hier: $b = \frac{2 \cdot \overline{DM} \cdot \pi}{360^\circ} \cdot \delta$

$b = \frac{2 \cdot 41{,}9\,\text{cm} \cdot \pi}{360^\circ} \cdot 99{,}78^\circ$

$b = 73{,}0\,\text{cm}$

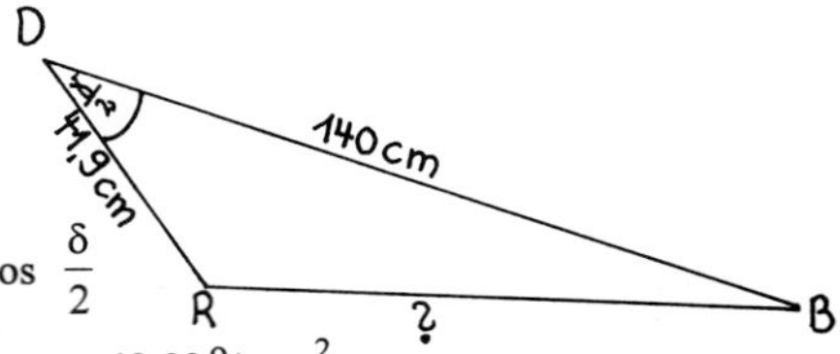

zu 3) Kosinussatz:

$\overline{BR}^2 = \overline{DR}^2 + \overline{BD}^2 - 2 \cdot \overline{DR} \cdot \overline{BD} \cdot \cos \frac{\delta}{2}$

$\overline{BR}^2 = (41{,}9^2 + 140^2 - 2 \cdot 41{,}9 \cdot 140 \cdot \cos 49{,}89^\circ)\,\text{cm}^2$

$\overline{BR} = 117{,}5\,\text{cm}$

2.4 Berechnen Sie den Inhalt A des Flächenstücks, das mit gelbem Stoff bespannt wird.

Für den Flächeninhalt A_{gelb} gilt: $A_{gelb} = 2 \cdot A_{\text{Dreieck RBD}} - A_{\text{Sektor DRS}}$

Flächeninhalt des Dreiecks RBD: $A_{\text{Dreieck RBD}} = \frac{1}{2} \cdot \overline{DR} \cdot \overline{BD} \cdot \sin \frac{\delta}{2}$

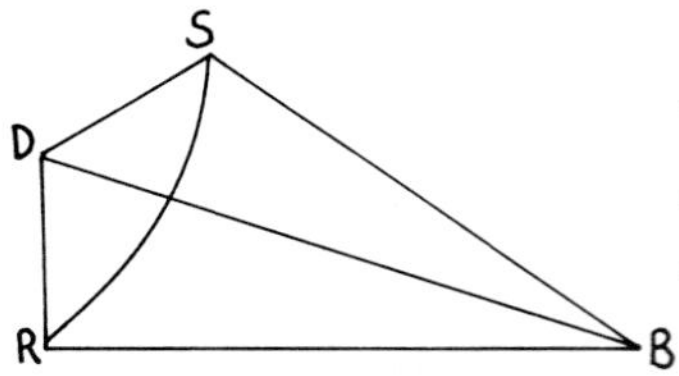

$A_{\text{Dreieck RBD}} = \frac{1}{2} \cdot 41{,}9\,\text{cm} \cdot 140\,\text{cm} \cdot \sin 49{,}89^\circ$

$A_{\text{Dreieck RBD}} = 2243\,\text{cm}^2$

$A_{\text{Dreieck RBD}} = 22{,}43\,\text{dm}^2$

Flächeninhalt des Sektors DRS: $A_{\text{Sektor DRS}} = \frac{r^2 \cdot \pi}{360^\circ} \cdot \delta$

$A_{\text{Sektor DRS}} = \frac{(41{,}9\,\text{cm})^2 \cdot \pi}{360^\circ} \cdot 99{,}78^\circ$

$A_{\text{Sektor DRS}} = 1529\,\text{cm}^2$

$A_{\text{Sektor DRS}} = 15{,}29\,\text{dm}^2$

[oder: $A_{\text{Sektor DRS}} = \frac{1}{2} \cdot b \cdot r$; $A_{\text{Sektor DRS}} = \frac{1}{2} \cdot 73{,}0\,\text{cm} \cdot 41{,}9\,\text{cm} = 15{,}29\,\text{dm}^2$]

Für die gelbe Fläche A_{gelb} gilt: $A_{gelb} = 2 \cdot A_{\text{Dreieck RBD}} - A_{\text{Sektor DRS}}$

$A_{gelb} = 2 \cdot 22{,}43\,\text{dm}^2 - 15{,}29\,\text{dm}^2$

$A_{gelb} = 29{,}57\,\text{dm}^2$

2.5 Wieviel Prozent der Drachenfläche verbleiben für die Bespannung mit grünem Stoff ?

1) Berechnung des Flächeninhaltes des Drachenvierecks ABCD
2) Berechnung des Flächeninhalt $A_{grün}$
3) Ermittlung des Prozentanteils

zu 1) Flächeninhalt des Drachenvierecks ABCD

$A_{ABCD} = 2 \cdot (\frac{1}{2} \cdot \overline{AD} \cdot \overline{BD} \cdot \sin \frac{\delta}{2})$

$A_{ABCD} = 2 \cdot (\frac{1}{2} \cdot 65\ cm \cdot 140\ cm \cdot \sin 49{,}89^{\circ})$

$A_{ABCD} = 6960\ cm^2$

$A_{ABCD} = 69{,}60\ dm^2$

zu 2) $A_{grün} = A_{ABCD} - A_{gelb}$

$A_{grün} = 69{,}60\ dm^2 - 29{,}57\ dm^2$; $A_{grün} = 40{,}03\ dm^2$

zu 3) Prozentualer Anteil: $\frac{A_{grün}}{A_{Drachenviereck\ ABCD}} = \frac{40{,}03\ dm^2}{69{,}60\ dm^2} \cdot 100\ \% = 57{,}51\ \%$

3.1 Zeichnen des Schrägbildes der Pyramide EFGHS

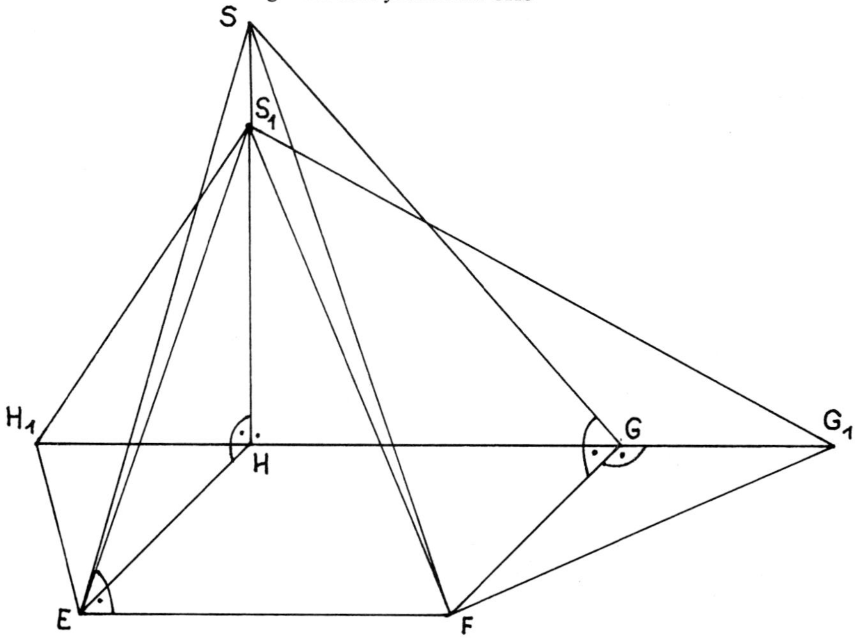

3.2	Berechnen Sie die Länge der Seitenkante [GS].
	Im rechtwinkligen Dreieck HGS gilt der Satz des Pythagoras

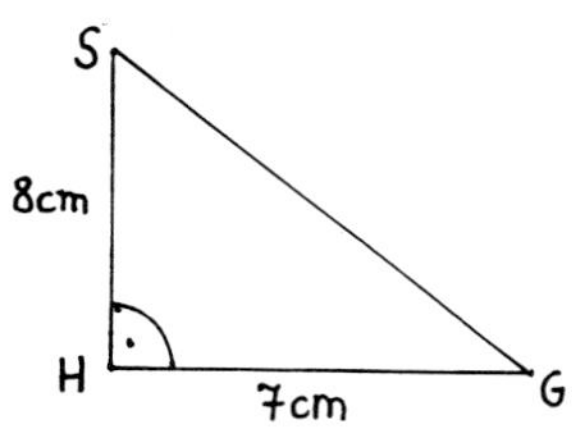

$\overline{GS}^2 = \overline{HS}^2 + \overline{HG}^2$

$\overline{GS}^2 = (8\ cm)^2 + (7\ cm)^2$

$\overline{GS}^2 = 113\ cm^2$

$\overline{GS} = 10{,}63\ cm$

Berechnen Sie die Oberfläche A der Pyramide EFGHS
1) Berechnung der Streckenlänge $\overline{ES}$ 2) Für die Oberfläche der Pyramide gilt: $O = A_G + A_1 + A_2 + A_3 + A_4$

zu 1)

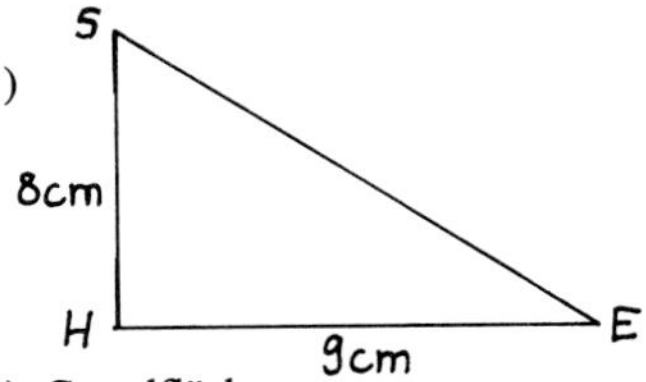

$$\overline{ES}^2 = \overline{HS}^2 + \overline{HE}^2$$
$$\overline{ES}^2 = (8\ cm)^2 + (9\ cm)^2$$
$$\overline{ES}^2 = 145\ cm^2$$
$$\overline{ES} = 12{,}04\ cm$$

zu 2) Grundfläche:

$A_G = l \cdot b$ $\qquad$ $A_G = 7\ cm \cdot 9\ cm$ $\qquad$ $A_G = 63\ cm^2$

Seitenfläche ΔEFS:

$A_1 = 0{,}5 \cdot \overline{EF} \cdot \overline{ES}$ $\qquad$ $A_1 = 0{,}5 \cdot 7\ cm \cdot 12{,}04\ cm$ $\qquad$ $A_1 = 42{,}14\ cm^2$

Seitenfläche ΔFGS:

$A_2 = 0{,}5 \cdot \overline{FG} \cdot \overline{GS}$ $\qquad$ $A_2 = 0{,}5 \cdot 9\ cm \cdot 10{,}63\ cm$ $\qquad$ $A_2 = 47{,}84\ cm^2$

Seitenfläche ΔHGS:

$A_3 = 0{,}5 \cdot \overline{GH} \cdot \overline{HS}$ $\qquad$ $A_3 = 0{,}5 \cdot 7\ cm \cdot 8\ cm$ $\qquad$ $A_3 = 28{,}00\ cm^2$

Seitenfläche ΔEHS:

$A_4 = 0{,}5 \cdot \overline{EH} \cdot \overline{HS}$ $\qquad$ $A_4 = 0{,}5 \cdot 9\ cm \cdot 8\ cm$ $\qquad$ $A_4 = 36{,}00\ cm^2$

Oberfläche: $O = A_G + A_1 + A_2 + A_3 + A_4$

$$O = 63\ cm^2 + 42{,}14\ cm^2 + 47{,}84\ cm^2 + 28{,}00\ cm^2 + 36{,}00\ cm^2$$
$$O = 216{,}98\ cm^2$$

3.3 Einzeichnen der Pyramide $EFG_1H_1S_1$ für $x = 2$ mit $\overline{GG_1} = \overline{HH_1} = 4$ cm und $\overline{SS_1} = 2$ cm (siehe 3.1)

3.4

Bestätigen Sie, daß für das Volumnen V (x) der Pyramiden $EFG_nH_nS_n$ in Abhängigkeit von x gilt: $V(x) = (-6x^2 + 27x + 168)\ cm^3$.
1) Ermittlung der Grundfläche: $A_G(x) = A_1(x) + A_2(x) + A_3(x)$ 2) Für das Volumen der Pyramide gilt: $V = \frac{1}{3} \cdot A_G \cdot h$

$0 < x < 8$; $x \in IR$

zu 1) Grundfläche:

$$A_G(x) = A_1(x) + A_2(x) + A_3(x)$$
$$A_G(x) = (0{,}5 \cdot 9 \cdot 2x + 7 \cdot 9 + 0{,}5 \cdot 9 \cdot 2x)\ cm^2$$
$$A_G(x) = (9x + 63 + 9x)\ cm^2$$
$$A_G(x) = (63 + 18x)\ cm^2$$

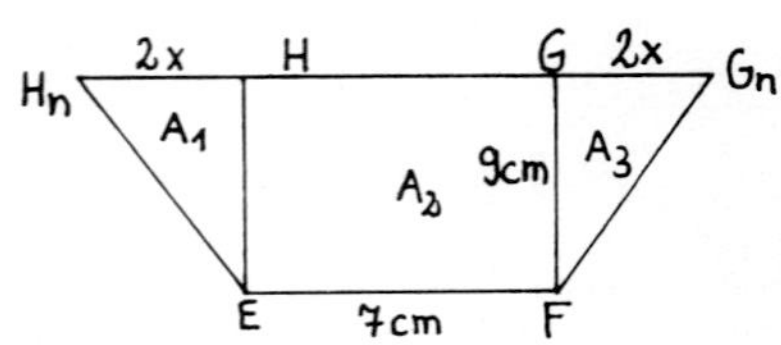

oder: Die Grundfläche ist ein Trapez: $A_G = 0,5 \cdot [a + c] \cdot h$

$A_G(x) = 0,5 \cdot [7 + (2x + 7 + 2x)] \cdot 9 \text{ cm}^2$

$A_G(x) = (63 + 18x) \text{ cm}^2$

zu 2) Volumen: $V(x) = \frac{1}{3} \cdot A_G(x) \cdot h(x)$

$V(x) = \frac{1}{3} \cdot (63 + 18x) \text{ cm}^2 \cdot (8 - x) \text{ cm}$

$V(x) = (21 + 6x) \text{ cm}^2 \cdot (8 - x) \text{ cm}$

$V(x) = (168 - 21x + 48x - 6x^2) \text{ cm}^3$

$V(x) = (-6x^2 + 27x + 168) \text{ cm}^3$

3.5	
	Die Pyramide $EFG_2H_2S_2$ hat das größtmögliche Volumen V_{max}. Berechnen Sie den zugehörigen Wert für x und V_{max}.
	Extremwertbestimmung durch Quadratische Ergänzung

$T(x) = -6x^2 + 27x + 168 \qquad 0 < x < 8 ;\ x \in IR$

$\Leftrightarrow \quad T(x) = -6 \cdot [x^2 - 4,5x - 28]$

$\Leftrightarrow \quad T(x) = -6 \cdot [x^2 - 4,5x + 2,25^2 - 2,25^2 - 28]$

$\Leftrightarrow \quad T(x) = = -6 \cdot [(x - 2,25)^2 - 33,0625]$

$\Leftrightarrow \quad T(x) = -6(x - 2,25)^2 + 198,375$

Volumen: $V(x) = [-6(x - 2,25)^2 + 198,375] \text{ cm}^3$

Für x = 2,25 wird das Volumen maximal: $V_{max}(2,25) = 198,375 \text{ cm}^3$

3.6	
	In der Pyramide $EFG_3H_3S_3$ hat der Winkel H_3G_3F das Maß 65°. Berechnen Sie den zugehörigen Wert für x.
	Im rechtwinkligen Dreieck FG_3G gilt: $\tan \varepsilon = \frac{\text{Länge der Gegenkathete}}{\text{Länge der Ankathete}}$

$\varepsilon = \sphericalangle H_3G_3F$

$\tan \varepsilon = \frac{\overline{FG}}{\overline{GG_3}}$

$\tan 65° = \frac{9 \text{ cm}}{2x \text{ cm}}$

$2x = \frac{9}{\tan 65°}$

$2x = 4,20$

$x = 2,10$;

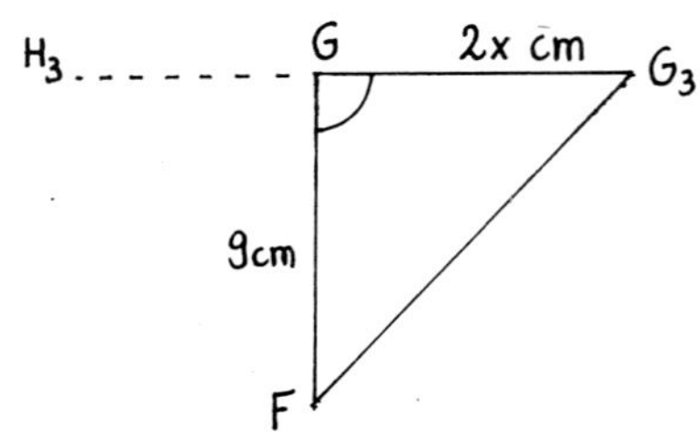

Für $0 < x < 8 ;\ x \in IR$ gilt: $IL = \{ 2,10 \}$

Welchen prozentualen Anteil hat das Volumen der Pyramide EFGHS am Volumen der Pyramide $EFG_3H_3S_3$.
1) Ermittlung des Volumens der Pyramiden EFGHS und $EFG_3H_3S_3$. 2) Berechnung des Prozentanteils

zu 1) Volumen Pyramide EFGHS:

$$V_o = \frac{1}{3} \cdot A_G \cdot h$$

$$V_o = \frac{1}{3} \cdot \overline{EF} \cdot \overline{FG} \cdot \overline{HS}$$

$$V_o = \frac{1}{3} \cdot 7\,\text{cm} \cdot 9\,\text{cm} \cdot 8\,\text{cm}$$

$$V_o = 168\,\text{cm}^3$$

Volumen Pyramide $EFG_3H_3S_3$ für $x = 2{,}10$:

$$V(x) = (-\,6\,x^2 + 27\,x + 168\,)\,\text{cm}^3$$

$$V(2{,}10) = (-\,6 \cdot 2{,}10^2 + 27 \cdot 2{,}10 + 168\,)\,\text{cm}^3$$

$$V(2{,}10) = 198{,}24\,\text{cm}^3$$

zu 2) Prozentualer Anteil: $\dfrac{V_o}{V(2{,}10)} = \dfrac{168\,\text{cm}^3}{198{,}24\,\text{cm}^3} \cdot 100\,\% = 84{,}75\,\%$

Lösungsmuster Mathematik II A 1996

1.0 Gegeben: f mit $y = -\frac{1}{8}x^2 + \frac{1}{2}x + 5$ ($\mathbb{G} = \mathbb{R} \times \mathbb{R}$).

1.1

Berechen Sie die Koordinaten des Scheitelpunktes S.
Scheitelpunktbestimmung durch Quadratische Ergänzung

$$y = -\frac{1}{8}x^2 + \frac{1}{2}x + 5 \quad | \cdot (-8) \qquad \mathbb{G} = \mathbb{R} \times \mathbb{R}$$

$$\Leftrightarrow \quad -8 \cdot y = x^2 - 4x - 40$$

$$\Leftrightarrow \quad -8 \cdot y = x^2 - 4x + 2^2 - 2^2 - 40$$

$$\Leftrightarrow \quad -8 \cdot y = (x-2)^2 - 44 \quad | : (-8)$$

$$\Leftrightarrow \quad y = -\frac{1}{8}(x-2)^2 + 5{,}5 \quad ; \; S(2 \,|\, 5{,}5)$$

Tabelle:

x	-4	-2	0	2	4	6	8
$-0{,}125x^2 + 0{,}5x + 5$	1	3,5	5	5,5	5	3,5	1

Einzeichen der Parabel p

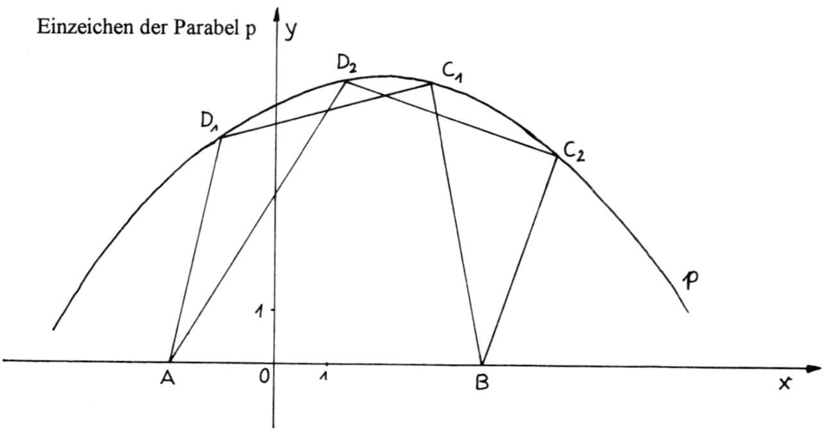

1.2 Einzeichnen des Vierecks ABC_1D_1 für $x = -1$ (siehe 1.1)

Ermitteln Sie die Koordinaten der Punkte C_n in Abhängigkeit von der Abszisse x der Punkte D_n.
Es gilt: $x_C = x + 4$

$C_n(x_C \,|\, y_C) \in p$ $\qquad$ $D_n(x \,|\, y) \in p$ $\qquad$ $-4 \leqq x \leqq 4;\, x \in \mathbb{R}$

$C_n(x_C \,|\, -\frac{1}{8}(x_C - 2)^2 + 5{,}5)$ $\qquad$ mit $x_C = x + 4$ gilt:

$C_n(x + 4 \,|\, -\frac{1}{8}(x + 4 - 2)^2 + 5{,}5)$

$C_n\,(x+4\,|\,-\frac{1}{8}\,(x^2 + 4x + 4) + 5{,}5)$

$C_n\,(x+4\,|\,-\frac{1}{8}x^2 - \frac{1}{2}x - \frac{1}{2} + 5{,}5)$; $C_n\,(x+4\,|\,-\frac{1}{8}x^2 - \frac{1}{2}x + 5)$

1.3 Einzeichnen des Vierecks ABC_2D_2 (siehe 1.1)

Berechnen Sie die Koordinaten der Eckpunkte C_2 und D_2.
Für die Steigung m eines Pfeils gilt: $\tan\alpha = m = \frac{\Delta y}{\Delta x}$

$$\overrightarrow{AD_2} = \begin{pmatrix} x-(-2) \\ -\frac{1}{8}x^2 + \frac{1}{2}x + 5 - 0 \end{pmatrix};\ \text{Steigung } m = \frac{\Delta y}{\Delta x} = \frac{-\frac{1}{8}x^2 + \frac{1}{2}x + 5}{x+2}$$

Steigung $m = \tan 58^\circ$

$x \in [-4;4] \setminus \{-2\};\ x \in \mathbb{R}$

Gleichsetzen: $\tan 58^\circ = \frac{-\frac{1}{8}x^2 + \frac{1}{2}x + 5}{x+2} \quad |\cdot(x+2)$

$\Leftrightarrow \tan 58^\circ (x+2) = -0{,}125x^2 + 0{,}5x + 5$

$\Leftrightarrow 1{,}60x + 3{,}20 = -0{,}125x^2 + 0{,}5x + 5$

$\Leftrightarrow 0{,}125x^2 + 1{,}10x - 1{,}80 = 0 \quad |\cdot 8$

$\Leftrightarrow x^2 + 8{,}80x - 14{,}40 = 0$

$p = 8{,}80$ $\frac{p}{2} = 4{,}40$ $q = -14{,}40$	$D = (\frac{p}{2})^2 - q$ $D = 4{,}40^2 - (-14{,}40)$ $D = 33{,}76$	$x_{1,2} = -\frac{p}{2} \pm \sqrt{D}$

$\Leftrightarrow x_{1,2} = -4{,}40 \pm \sqrt{33{,}76}$

$\Leftrightarrow x_1 = -4{,}40 - 5{,}81 \quad \vee \quad x_2 = -4{,}40 + 5{,}81$

$\Leftrightarrow (x_1 = -10{,}21 \quad \vee) \quad x_2 = 1{,}41 \qquad \mathbb{L} = \{1{,}41\}$

Koordinaten der Eckpunkte:

$D_2\,(1{,}41\,|\,-\frac{1}{8}\cdot 1{,}41^2 + \frac{1}{2}\cdot 1{,}41 + 5)$; $D_2\,(1{,}41\,|\,5{,}46)$

$C_2\,(1{,}41 + 4\,|\,-\frac{1}{8}\cdot 1{,}41^2 - \frac{1}{2}\cdot 1{,}41 + 5)$; $C_2\,(5{,}41\,|\,4{,}05)$

1.4

Berechnen Sie den Flächeninhalt A(x) der Vierecke ABC_nD_n in Abhängigkeit von der Abszisse x der Punkte D_n.
Zerlegung der Vierecksfläche in zwei geeignete Dreiecke und anschließende Berechnung der Vierecksfläche mit Pfeilen und Determinante.

Pfeile: $\overrightarrow{AB} = \begin{pmatrix} 6 \\ 0 \end{pmatrix}$; $\overrightarrow{AC_n} = \begin{pmatrix} x+6 \\ -\frac{1}{8}x^2 - \frac{1}{2}x + 5 \end{pmatrix}$

$$\overrightarrow{AD_n} = \begin{pmatrix} x + 2 \\ -\frac{1}{8}x^2 + \frac{1}{2}x + 5 \end{pmatrix}$$

Flächeninhalt der Dreiecke ABC_n: $x \in [-4; 4]\,;\, x \in \mathbb{R}$

$$A_1(x) = 0{,}5 \begin{vmatrix} 6 & x+6 \\ 0 & -\frac{1}{8}x^2 - \frac{1}{2}x + 5 \end{vmatrix} \text{ FE}$$

$$A_1(x) = 0{,}5 \cdot 6 \cdot \left(-\frac{1}{8}x^2 - \frac{1}{2}x + 5\right) \text{ FE}$$

$$A_1(x) = 3 \cdot \left(-\frac{1}{8}x^2 - \frac{1}{2}x + 5\right) \text{ FE}$$

$$A_1(x) = \left(-\frac{3}{8}x^2 - \frac{3}{2}x + 15\right) \text{ FE}$$

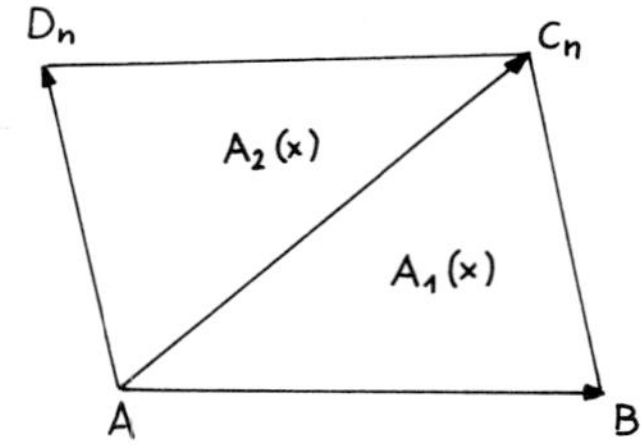

Flächeninhalt der Dreiecke AC_nD_n:

$$A_2(x) = 0{,}5 \begin{vmatrix} x+6 & x+2 \\ -\frac{1}{8}x^2 - \frac{1}{2}x + 5 & -\frac{1}{8}x^2 + \frac{1}{2}x + 5 \end{vmatrix} \text{ FE}$$

$$A_2(x) = 0{,}5 \cdot \left[(x+6) \cdot \left(-\frac{1}{8}x^2 + \frac{1}{2}x + 5\right) - (x+2) \cdot \left(-\frac{1}{8}x^2 - \frac{1}{2}x + 5\right)\right] \text{ FE}$$

$$A_2(x) = 0{,}5 \cdot \left[-\frac{1}{8}x^3 + \frac{1}{2}x^2 + 5x - \frac{6}{8}x^2 + 3x + 30 - \left(-\frac{1}{8}x^3 - \frac{1}{2}x^2 + 5x - \frac{2}{8}x^2 - x + 10\right)\right] \text{ FE}$$

$$A_2(x) = 0{,}5 \cdot \left[-\frac{1}{8}x^3 + \frac{1}{2}x^2 - \frac{3}{4}x^2 + 8x + 30 \quad + \quad \frac{1}{8}x^3 + \frac{1}{2}x^2 + \frac{1}{4}x^2 - 4x - 10)\right] \text{ FE}$$

$$A_2(x) = 0{,}5 \cdot \left[\frac{1}{2}x^2 + 4x + 20\right] \text{ FE}$$

$$A_2(x) = \left(\frac{1}{4}x^2 + 2x + 10\right) \text{ FE}$$

Flächeninhalt der Vierecke: $A(x) = A_1(x) + A_2(x)$

$$A(x) = \left(-\frac{3}{8}x^2 - \frac{3}{2}x + 15\right) \text{ FE} + \left(\frac{1}{4}x^2 + 2x + 10\right) \text{ FE}$$

$$A(x) = \left(-\frac{3}{8}x^2 + \frac{2}{8}x^2 - \frac{3}{2}x + \frac{4}{2}x + 25\right) \text{ FE}$$

$$A(x) = \left(-\frac{1}{8}x^2 + \frac{1}{2}x + 25\right) \text{ FE}$$

1.5

Unter den Vierecken gibt es ein Trapez. Berechnen Sie die Koordinaten von D_3.
Die Seiten $[AB]$ und $[C_3D_3]$ sind parallel. Da $[AB]$ auf der x-Achse liegt, müssen die y-Koordinaten der Punkte C_3 und D_3 gleich sein.

$C_n\left(x + 4 \mid -\frac{1}{8}x^2 - \frac{1}{2}x + 5\right)$ $x \in [-4; 4]\,;\, x \in \mathbb{R}$

$D_n\left(x \mid -\frac{1}{8}x^2 + \frac{1}{2}x + 5\right)$

Gleichsetzen der y-Koordinaten: $-\frac{1}{8}x^2 - \frac{1}{2}x + 5 = -\frac{1}{8}x^2 + \frac{1}{2}x + 5$

$\Leftrightarrow \quad -\frac{1}{2}x = \frac{1}{2}x$

$\Leftrightarrow \quad x = 0; \qquad \mathbb{L} = \{0\}$

Koordinaten des Eckpunktes D_3: $D_3(0 \mid -\frac{1}{8} \cdot 0^2 + \frac{1}{2} \cdot 0 + 5)$; $D_3(0 \mid 5)$

Das Viereck ABC_4D_4 ist flächengleich zum Trapez. Berechnen Sie die Koordinaten des Eckpunktes C_4.
1) Berechnung des Flächeninhaltes A des Trapezes ABC_3D_3 2) Es gilt: $A(x) = \ldots$ FE $\wedge$ $A = \ldots$ FE

zu 1) Für x = 0 erhält man den Flächeninhalt des Trapezes:

$A = (-\frac{1}{8} \cdot 0^2 + \frac{1}{2} \cdot 0 + 25)$ FE ; $A = 25$ FE

zu 2) Gleichsetzen $\Rightarrow$ $(-\frac{1}{8} \cdot x^2 + \frac{1}{2} \cdot x + 25)$ FE $= 25$ FE

$\Leftrightarrow \quad -\frac{1}{8} \cdot x^2 + \frac{1}{2} \cdot x = 0 \qquad | \cdot (-8)$

$\Leftrightarrow \quad x^2 - 4x = 0$

$\Leftrightarrow \quad x \cdot (x - 4) = 0$

$\Leftrightarrow \quad x = 0 \vee x = 4; \qquad \mathbb{L} = \{0; 4\}$

Für x = 0 erhält man den Eckpunkt C_3 des Trapezes ABC_3D_3.

Für x = 4 erhält man den Eckpunkt $D_4(4 \mid y)$ des flächengleichen Vierecks ABC_4D_4.

Koordinaten des Eckpunktes C_4: $C_4(4 + 4 \mid -\frac{1}{8} \cdot 4^2 - \frac{1}{2} \cdot 4 + 5)$; $C_4(8 \mid 1)$

2.1 Zeichnen des Dreiecks PQR

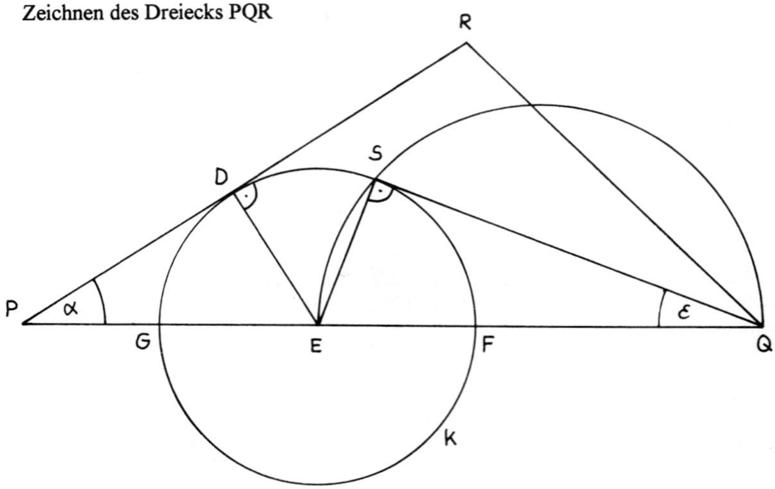

Berechnen Sie das Maß α des Winkels QPR.
Lösung mit dem Kosinussatz im beliebigen Dreieck PQR

$$\overline{QR}^2 = \overline{PQ}^2 + \overline{PR}^2 - 2 \cdot \overline{PQ} \cdot \overline{PR} \cos\alpha$$

$$\cos\alpha = \frac{\overline{PQ}^2 + \overline{PR}^2 - \overline{QR}^2}{2 \cdot \overline{PQ} \cdot \overline{PR}}$$

$$\cos\alpha = \frac{14^2 + 10^2 - 7{,}5^2}{2 \cdot 14 \cdot 10}$$

$$\alpha = 31{,}10^\circ$$

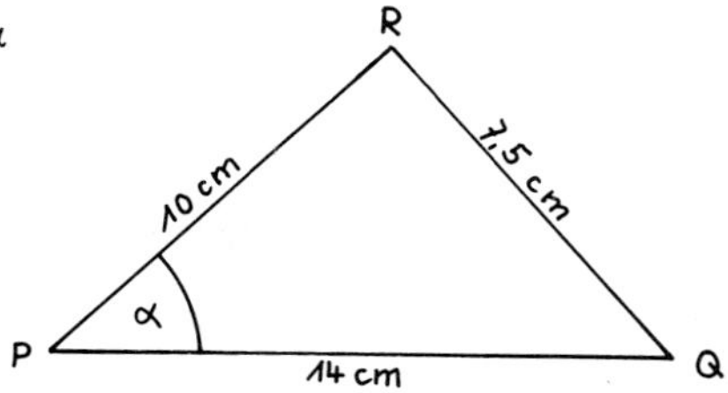

2.2 Einzeichnen der Punkte E und D, des Kreises k und der Punkte F und G (siehe 2.1)

2.3

Berechnen Sie den Flächeninhalt A der beschriebenen Figur.
Für den Flächeninhalt A gilt hier: $A = A_{\text{Dreieck PQR}} - A_{\text{Dreieck PED}} - A_{\text{Sektor EFD}}$

Flächeninhalt des Dreiecks PQR: $A_1 = \frac{1}{2} \cdot \overline{PQ} \cdot \overline{PR} \cdot \sin\alpha$

$$A_1 = \frac{1}{2} \cdot 14\text{ cm} \cdot 10\text{ cm} \cdot \sin 31{,}10^\circ$$

$$A_1 = 36{,}16\text{ cm}^2$$

Berechnung der Streckenlänge $\overline{PD}$ im rechtwinkligen Dreieck PED:

$$\tan\alpha = \frac{\overline{DE}}{\overline{PD}}$$

$$\overline{PD} = \frac{\overline{DE}}{\tan\alpha}$$

$$\overline{PD} = \frac{3\text{ cm}}{\tan 31{,}10^\circ}$$

$$\overline{PD} = 4{,}97\text{ cm}$$

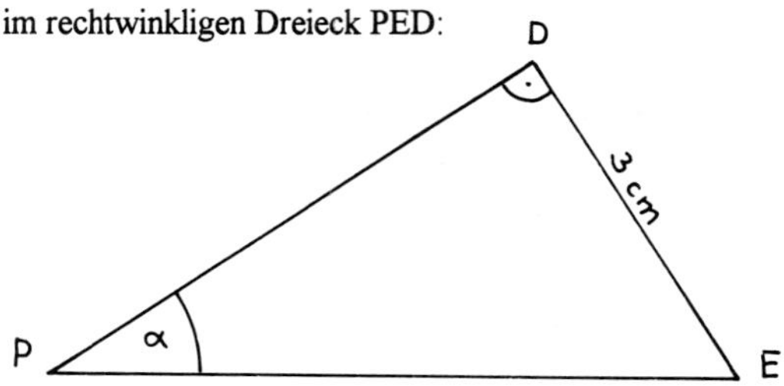

Flächeninhalt des Dreiecks PED: $A_2 = \frac{1}{2} \cdot \overline{PD} \cdot \overline{DE}$

$$A_2 = \frac{1}{2} \cdot 4{,}97\text{ cm} \cdot 3\text{ cm}$$

$$A_2 = 7{,}46\text{ cm}^2$$

Berechnung des Mittelpunkteswinkel μ (Außenwinkel des Dreiecks PED beim Eckpunkt E)

$$\mu = 90^\circ + \alpha$$

$$\mu = 90^\circ + 31{,}10^\circ$$

$$\mu = 121{,}10^\circ$$

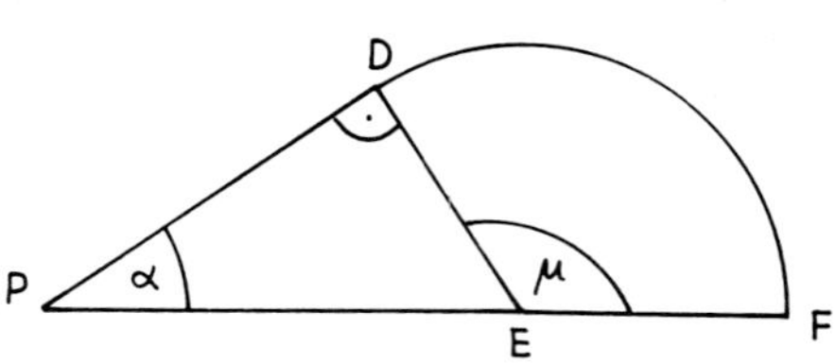

Flächeninhalt des Sektors EFD: $A_S = \frac{r^2 \cdot \pi}{360^o} \cdot \mu$

$$A_S = \frac{(3\ cm)^2 \cdot \pi}{360^o} \cdot 121{,}10^o$$

$$A_S = 9{,}51\ cm^2$$

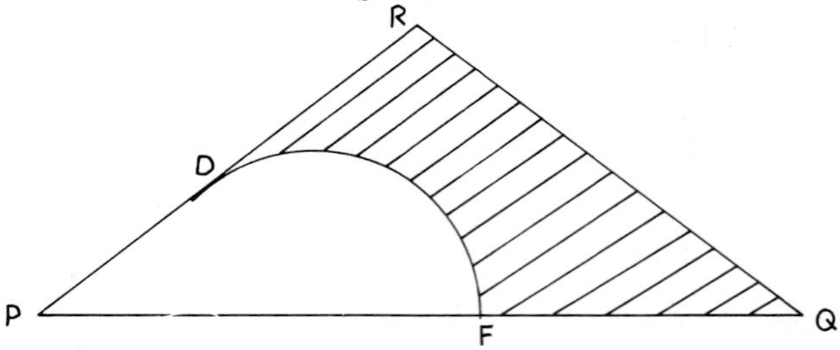

Für die Figur gilt: $A = A_1 - A_2 - A_S$

$$A = 36{,}16\ cm^2 - 7{,}46\ cm^2 - 9{,}51\ cm^2$$

$$A = 19{,}19 cm^2$$

Prozentualer Anteil: $\frac{A_{Figur}}{A_{Dreieck\ PQR}} = \frac{19{,}19\ cm^2}{36{,}16\ cm^2} \cdot 100\,\% = 53{,}07\,\%$

2.4 Zeichnen der Strecke [QS] (siehe 2.1)

S liegt auf dem Thaleskreis über der Strecke [EQ]. Es gilt: $\sphericalangle$ ESQ = 90 °

Berechnen Sie die Kantenlänge $\overline{PE}$.
Im rechtwinkligen Dreieck PED gilt der Satz des Pythagoras

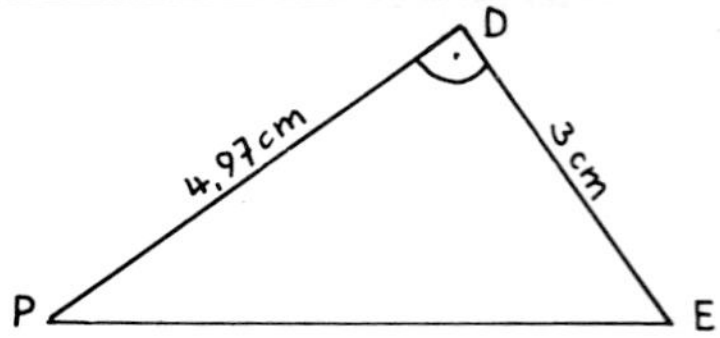

$$\overline{PE}^2 = \overline{PD}^2 + \overline{DE}^2$$

$$\overline{PE}^2 = (4{,}97\ cm)^2 + (3\ cm)^2$$

$$\overline{PE} = 5{,}81\ cm$$

Berechnen Sie das Maß ε des Winkels SQE .
Im rechtwinkligen Dreieck EQS gilt: $\sin \varepsilon = \frac{\text{Länge der Gegenkathete}}{\text{Länge der Hypotenuse}}$

$\overline{EQ} = \overline{PQ} - \overline{PE}$; $\overline{EQ} = 14\ cm - 5{,}81\ cm = 8{,}19\ cm$

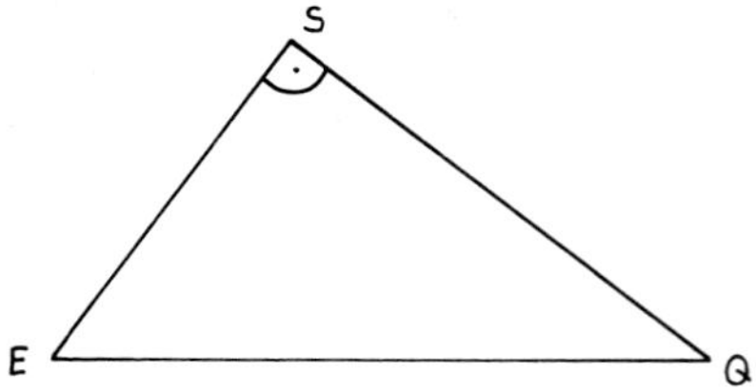

$$\sin \varepsilon = \frac{\overline{ES}}{\overline{EQ}} \qquad \varepsilon \in]0^o; 90^o[$$

$$\sin \varepsilon = \frac{3\ cm}{8{,}19\ cm} = 0{,}37$$

$$\varepsilon = 21{,}49^o$$

3.1 Zeichnen des Quadrates ABCD und der Viertelkreisbögen $\overset{\frown}{E_1F_1}$ und $\overset{\frown}{G_1E_1}$

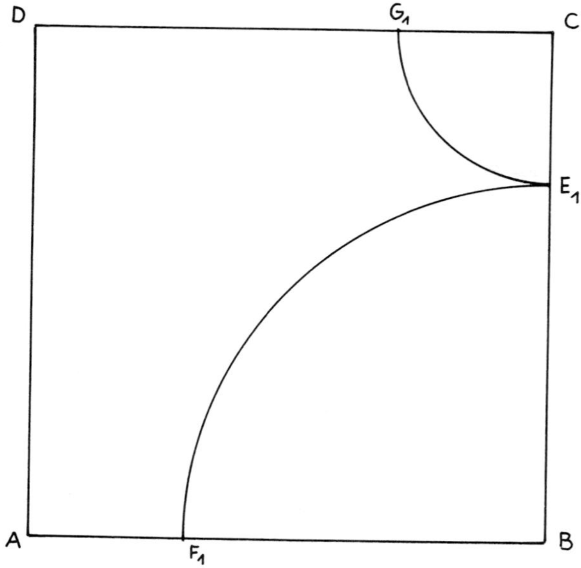

3.2

Zeigen Sie, daß der Umfang der Figuren stets gleich ist.
Für den Umfang gilt: $u = \overline{AF_n} + \overset{\frown}{E_nF_n} + \overset{\frown}{G_nE_n} + \overline{G_nD} + \overline{DA}$

$$u = [\,(10 - x) + \frac{1}{4} \cdot 2\,x\,\pi + \frac{1}{4} \cdot 2\,(10 - x)\,\pi + x + 10\,]\ \text{cm}$$

$$u = [\,10 - x + \frac{1}{2}\,x\,\pi + 5\,\pi - \frac{1}{2}\,x\,\pi + x + 10\,]\ \text{cm}$$

$$u = [\,20 + 5\,\pi\,]\ \text{cm}$$

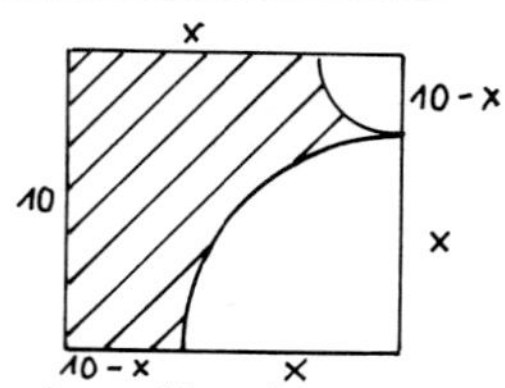

Der Term enthält die Variable x nicht, d.h. der Umfang der Figuren ist unabhängig von x.

3.3

Berechnen Sie das Volumen V(x) der Rotationskörper in Abhängigkeit von x.
Für das Volumen gilt hier: $V = V_{Zylinder} - V_{Große\ Halbkugel} - V_{Kleine\ Halbkugel}$

Zylinder:

$$V_1 = r^2\,\pi \cdot h$$
$$V_1 = 10^2\,\pi \cdot 10\ \text{cm}^3$$
$$V_1 = 1000\,\pi\ \text{cm}^3$$

Große Halbkugel:

$$V_2(x) = \frac{1}{2} \cdot \frac{4}{3}\,r^3\,\pi$$
$$V_2(x) = \frac{1}{2} \cdot \frac{4}{3}\,x^3\,\pi\ \text{cm}^3$$
$$V_2(x) = \frac{2}{3}\,x^3\,\pi\ \text{cm}^3$$

Kleine Halbkugel: $V_3(x) = \frac{1}{2} \cdot \frac{4}{3} r^3 \pi$

$$V_3(x) = \frac{1}{2} \cdot \frac{4}{3} (10 - x)^3 \pi \text{ cm}^3$$

$$V_3(x) = \frac{2}{3}\pi \cdot (10 - x)^2 \cdot (10 - x) \text{ cm}^3$$

$$V_3(x) = \frac{2}{3}\pi \cdot (100 - 20x + x^2) \cdot (10 - x) \text{ cm}^3$$

$$V_3(x) = \frac{2}{3}\pi \cdot (1000 - 200x + 10x^2 - 100x + 20x^2 - x^3) \text{ cm}^3$$

$$V_3(x) = \frac{2}{3}\pi \cdot (-x^3 + 30x^2 - 300x + 1000) \text{ cm}^3$$

Für das Volumen der Rotationskörper gilt nun:

$$V(x) = V_1(x) - V_2(x) - V_3(x)$$

$$V(x) = [1000\pi - \frac{2}{3}x^3\pi - \frac{2}{3}\pi \cdot (-x^3 + 30x^2 - 300x + 1000)] \text{ cm}^3$$

$$V(x) = [1000\pi - \frac{2}{3}x^3\pi + \frac{2}{3}\pi x^3 - 20x^2\pi + 200x\pi - \frac{2000}{3}\pi)] \text{ cm}^3$$

$$V(x) = [-20\pi x^2 + 200\pi x + \frac{1000}{3}\pi] \text{ cm}^3$$

$$V(x) = 20\pi \cdot (-x^2 + 10x + \frac{50}{3}) \text{ cm}^3$$

3.4	Berechnen Sie x für das größtmögliche Volumen des Rotationskörpers.
	Extremwertbestimmung durch Quadratische Ergänzung

$$T(x) = -x^2 + 10x + \frac{50}{3} \qquad | \cdot (-1)$$

$$\Leftrightarrow -T(x) = x^2 - 10x - \frac{50}{3}$$

$$\Leftrightarrow -T(x) = x^2 - 10x + 5^2 - 5^2 - \frac{50}{3}$$

$$\Leftrightarrow -T(x) = (x - 5)^2 - \frac{75}{3} - \frac{50}{3} \qquad | : (-1)$$

$$\Leftrightarrow T(x) = -(x - 5)^2 + \frac{125}{3}$$

Volumen: $V(x) = 20\pi \cdot [-(x - 5)^2 + \frac{125}{3}] \text{ cm}^3$

Für x = 5 wird das Volumen maximal: $V_{max}(5) = 20\pi \cdot \frac{125}{3} \text{ cm}^3$

$$V_{max}(5) = \frac{2500}{3}\pi \text{ cm}^3$$

3.5

Berechnen Sie, um wieviel Prozent das Volumen des Rotationskörpers für x = 7,5 kleiner ist als V_{max}.
Prozentrechnung: Prozentsatz = $\frac{\text{Prozentwert}}{\text{Grundwert}} \cdot 100\ \%$

Für x = 7,5: $V(7{,}5) = 20\pi \cdot [-(7{,}5 - 5)^2 + \frac{125}{3}]\ cm^3$

$V(7{,}5) = 2225{,}29\ cm^3$

Für x = 5: $V_{max} = 2617{,}99\ cm^3$

Unterschied: $V_{max} - V(5) = 2617{,}99\ cm^3 - 2225{,}29\ cm^3$

$\Delta V = 392{,}70\ cm^3$

Prozentualer Anteil: $\frac{\Delta V}{V_{max}} = \frac{392{,}70\ cm^3}{2617{,}99\ cm^3} \cdot 100\ \% = 15{,}00\ \%$

Das Volumen des Rotationskörpers für x = 7,5 ist um 15 % kleiner als V_{max}.

Lösungsmuster Mathematik II B 1996

1.0 Gegeben: f mit $y = \frac{1}{2} \cdot (x - 3)^2 - 3$ $(\mathbb{G} = \mathbb{R} \times \mathbb{R})$

1.1 Tabelle:

x	0	1	2	3	4	5	6	7	8
$0{,}5\,(x - 3)^2 - 3$	1,5	- 1	- 2,5	- 3	- 2,5	- 1	1,5	5	9,5

Einzeichen der Parabel p und der Geraden g

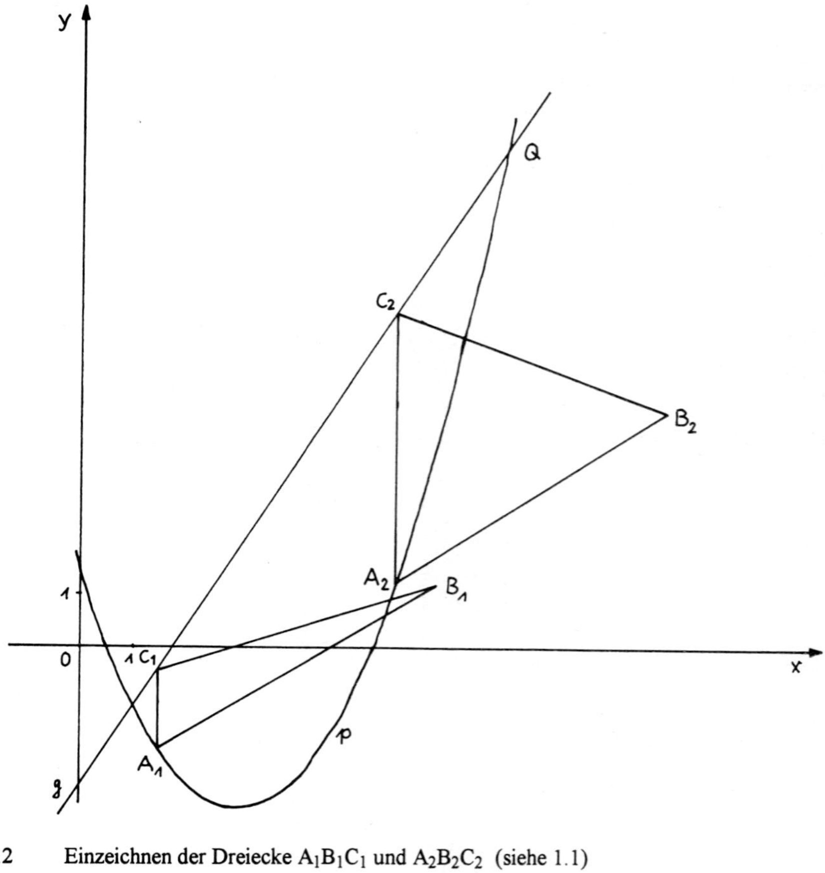

1.2 Einzeichnen der Dreiecke $A_1B_1C_1$ und $A_2B_2C_2$ (siehe 1.1)

1.3

Berechen Sie das Maß α der Winkel $B_nA_nC_n$.
Im rechtwinkligen Dreieck gilt: $\tan\alpha = \dfrac{\text{Länge der Gegenkathete}}{\text{Länge der Ankathete}}$

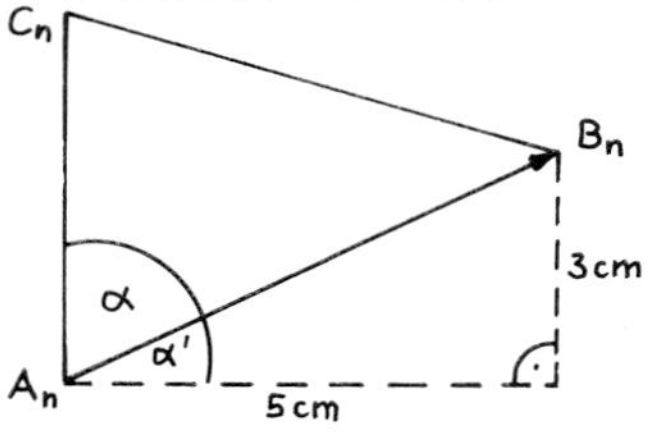

$\tan\alpha' = \dfrac{3\ \text{LE}}{5\ \text{LE}}$

$\alpha' = 30{,}96^\circ$

$\alpha = 90^\circ - \alpha'$ $\qquad\qquad$ $\alpha \in]\,0^\circ; 90^\circ\,[$

$\alpha = 59{,}04^\circ$

oder Berechnung mit: $\qquad \tan(90^\circ - \alpha) = 0{,}6$

1.4

Zeigen Sie, daß für die Seitenlängen $\overline{A_nC_n}(x)$ in Abhängigkeit von der Abszisse x gilt: $\overline{A_nC_n}(x) = (-\frac{1}{2}\cdot x^2 + 4{,}5\,x - 4)$ LE
Bei gleicher Abszisse x gilt: $\overline{A_nC_n} = (y_{C_n} - y_{A_n})$ LE

$\overline{A_nC_n}(x) = [\,1{,}5\,x - 2{,}5 - (0{,}5\,(x-3)^2 - 3)\,]$ LE $\qquad 1 < x < 8;\ x \in \mathbb{R}$

$\overline{A_nC_n}(x) = [\,1{,}5\,x - 2{,}5 - (0{,}5\,(x^2 - 6\,x + 9) - 3)\,]$ LE

$\overline{A_nC_n}(x) = [\,1{,}5\,x - 2{,}5 - 0{,}5\,x^2 + 3\,x - 4{,}5 + 3\,]$ LE

$\overline{A_nC_n}(x) = (-\frac{1}{2}\cdot x^2 + 4{,}5\,x - 4)$ LE

Berechnen Sie den Flächeninhalt des Dreiecks mit der größtmöglichen Seitenlänge $\overline{A_3C_3}$.
1) Extremwertbestimmung durch Quadratische Ergänzung 2) Berechnung des Flächeninhaltes des Dreiecks $A_3B_3C_3$.

zu 1) $\qquad T(x) = -0{,}5\,x^2 + 4{,}5\,x - 4 \quad | \cdot(-2)$ $\qquad 1 < x < 8;\ x \in \mathbb{R}$

$-2\cdot T(x) = x^2 - 9\,x + 8$

$-2\cdot T(x) = x^2 - 9\,x + 4{,}5^2 - 4{,}5^2 + 8$

$-2\cdot T(x) = (x - 4{,}5)^2 - 12{,}25 \quad | : (-2)$

$T(x) = -0{,}5\,(x - 4{,}5)^2 + 6{,}125$

Für x = 4,5 wird die Strecke maximal: $\overline{A_3C_3} = 6{,}125$ LE

zu 2) $\qquad A = \frac{1}{2}\cdot g\cdot h$

$A = \frac{1}{2}\cdot \overline{A_3C_3}\cdot 5$ LE

$A = 15{,}3125$ FE

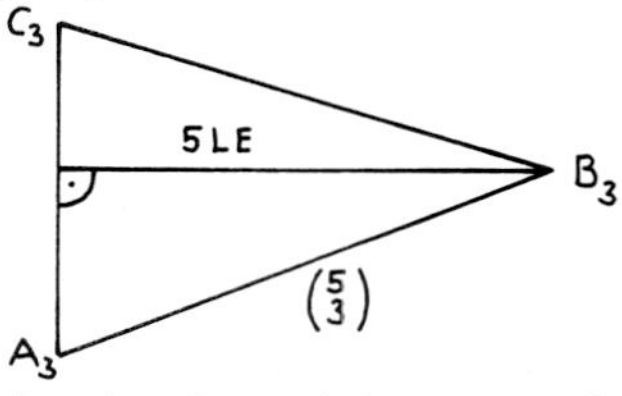

Hinweis: Das Runden des Flächeninhaltes auf zwei Stellen nach dem Komma ist im Aufgabentext nicht vorgesehen.

1.5

Zwei Dreiecke sind gleichschenklig. Berechnen Sie für die zugehörigen Werte für x.
1) Berechnung der Streckenlänge $\overline{A_nB_n}$ 2) Die Schenkellängen sind gleich: $\overline{A_nC_n}(x) = \overline{A_nB_n}$

zu 1) Pfeil: $\overrightarrow{A_nB_n} = \begin{pmatrix} 5 \\ 3 \end{pmatrix}$

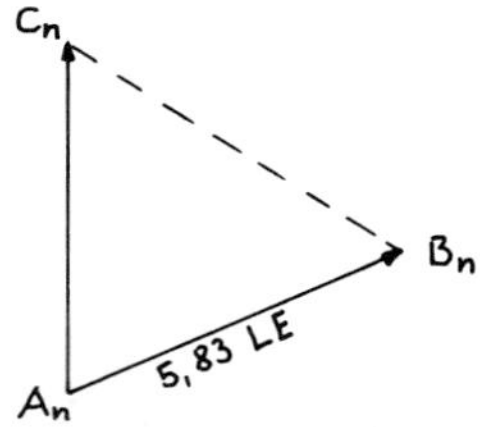

Strecke: $\overline{A_nB_n} = \sqrt{5^2 + 3^2}$ LE

$\overline{A_nB_n} = 5{,}83$ LE

zu 2) Gleichsetzen: $\overline{A_nC_n}(x) = \overline{A_nB_n}$

$(-0{,}5\,x^2 + 4{,}5\,x - 4)$ LE $= 5{,}83$ LE $\qquad 1 < x < 8\,;\, x \in \mathbb{R}$

$-0{,}5\,x^2 + 4{,}5\,x - 9{,}83 = 0 \qquad |:(-0{,}5)$

$x^2 - 9\,x + 19{,}66 = 0$

$p = -9$ $\frac{p}{2} = -4{,}5$ $q = 19{,}66$	$D = (\frac{p}{2})^2 - q$ $D = (-4{,}5)^2 - 19{,}66$ $D = 0{,}59$	$x_{1,2} = -\frac{p}{2} \pm \sqrt{D}$

$\Leftrightarrow \quad x_{1,2} = -(-4{,}5) \pm \sqrt{0{,}59}$

$\Leftrightarrow \quad x_1 = 3{,}73 \;\vee\; x_2 = 5{,}27 \qquad \mathbb{L} = \{ 3{,}73\,;\,5{,}27 \}$

1.6

Berechnen Sie für die beiden rechtwinkligen Dreiecke die Koordinaten der Punkte C_6 und C_7.
Bei gleicher Abszisse x gilt: Die Strecken $[C_nB_n]$ sind parallel zur x-Achse

Es gilt: $\overline{A_nC_n}(x) = 3$ LE $\qquad 1 < x < 8\,;\, x \in \mathbb{R}$

$(-0{,}5\,x^2 + 4{,}5\,x - 4)$ LE $= 3$ LE

$\Leftrightarrow \quad -0{,}5\,x^2 + 4{,}5\,x - 7 = 0 \qquad |:(-0{,}5)$

$\Leftrightarrow \quad x^2 - 9\,x + 14 = 0$

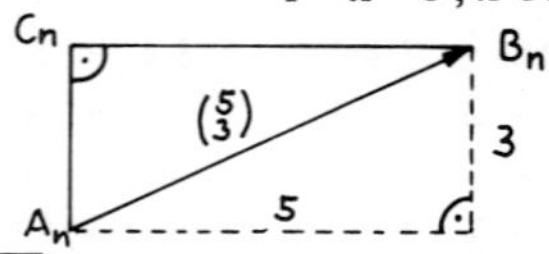

$p = -9$ $\frac{p}{2} = -4{,}5$ $q = 14$	$D = (\frac{p}{2})^2 - q$ $D = (-4{,}5)^2 - 14$ $D = 6{,}25$	$x_{1,2} = -\frac{p}{2} \pm \sqrt{D}$

$\Leftrightarrow \quad x_{1,2} = -(-4{,}5) \pm \sqrt{6{,}25}$

$\Leftrightarrow \quad x_1 = 4{,}5 - 2{,}5 \;\vee\; x_2 = 4{,}5 + 2{,}5$

$\Leftrightarrow \quad x_1 = 2 \;\vee\; x_2 = 7 \qquad \mathbb{L} = \{ 2\,;\,7 \}$

Koordinaten der Punkte: $C_6(2 \mid 1{,}5 \cdot 2 - 2{,}5)\,;\, C_6(2 \mid 0{,}5)$

$C_7(7 \mid 1{,}5 \cdot 7 - 2{,}5)\,;\, C_7(7 \mid 8)$

2.1 Zeichnen des Grundstücks ABCD im Maßstab 1 : 1000
Hinweis: 1 cm in der Skizze entspricht 1000 cm $\hat{=}$ 10 m in der Natur

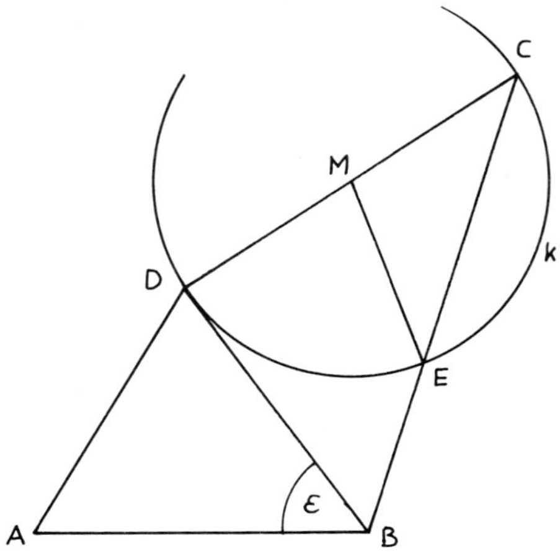

2.2

Berechnen Sie die Streckenlänge $\overline{BD}$.
Lösung mit dem Kosinussatz im beliebigen Dreieck ABD

$$\overline{BD}^2 = \overline{AB}^2 + \overline{AD}^2 - 2 \cdot \overline{AB} \cdot \overline{AD} \cos\alpha$$
$$\overline{BD}^2 = (51^2 + 45^2 - 2 \cdot 51 \cdot 45 \cdot \cos 59^\circ)\ m^2$$
$$\overline{BD} = 47{,}6\ m$$

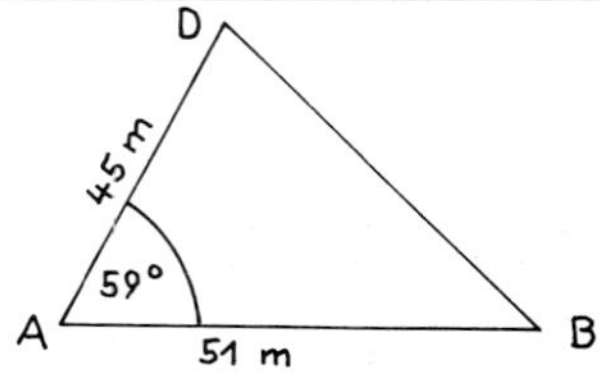

Berechnen Sie das Maß ε des Winkels DBA.
Lösung mit dem Sinussatz im beliebigen Dreieck ABD

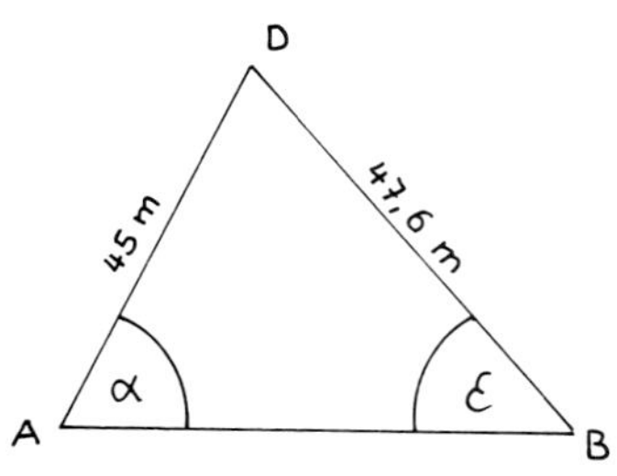

Sinussatz:

$$\frac{\overline{AD}}{\sin\varepsilon} = \frac{\overline{BD}}{\sin\alpha}$$

$\varepsilon < 108^\circ$

$$\sin\varepsilon = \frac{\sin\alpha}{\overline{BD}} \cdot \overline{AD}$$

$$\sin\varepsilon = \frac{\sin 59^\circ \cdot 45m}{47{,}6\,m}$$

$$\sin\varepsilon = 0{,}81$$
$$\varepsilon = 54{,}1^\circ$$

(Hinweis: Bei der Lösung mit dem Kosinussatz ergibt sich: $\varepsilon = 54{,}2^\circ$)

2.3 | Berechnen Sie die Entfernung $\overline{DC}$ der Grenzpfosten D und C.

Berechnen Sie die Entfernung $\overline{DC}$ der Grenzpfosten D und C.
Lösung mit dem Kosinussatz im beliebigen Dreieck BCD

$\sphericalangle CBD = \varepsilon' = 108^\circ - 54{,}1^\circ;\ \varepsilon' = 53{,}9^\circ$

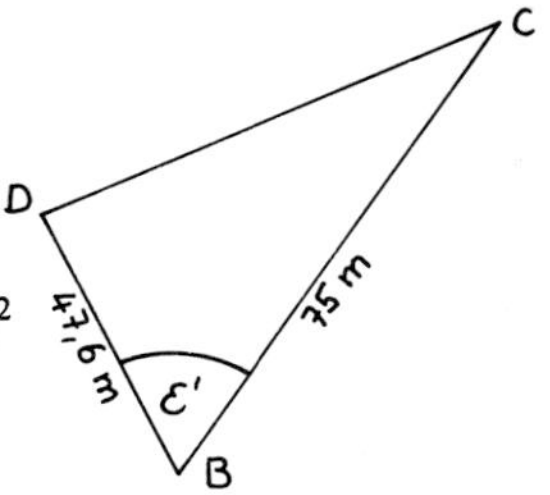

Kosinussatz:

$\overline{DC}^2 = \overline{BD}^2 + \overline{BC}^2 - 2 \cdot \overline{BD} \cdot \overline{BC} \ \cos\varepsilon'$

$\overline{DC}^2 = (47{,}6^2 + 75^2 - 2 \cdot 47{,}6 \cdot 75 \cdot \cos 53{,}9^\circ)\ m^2$

$\overline{DC} = 60{,}7\ m$

Berechnen Sie den Flächeninhalt A des Grundstücks.
Für den Flächeninhalt A gilt hier: $A = A_{Dreieck\ ABD} - A_{Dreieck\ BCD}$

Viereck: $A_{ABCD} = A_{Dreieck\ ABD} + A_{Dreieck\ BCD}$

$A_{ABCD} = \frac{1}{2} \cdot \overline{AB} \cdot \overline{AD} \cdot \sin\alpha + \frac{1}{2} \cdot \overline{BC} \cdot \overline{BD} \cdot \sin\varepsilon'$

$A_{ABCD} = \frac{1}{2} \cdot 51\ m \cdot 45\ m \cdot \sin 59^\circ + \frac{1}{2} \cdot 75\ m \cdot 47{,}6\ m \cdot \sin 53{,}9^\circ$

$A_{ABCD} = 983{,}6\ m^2 + 1442{,}3\ m^2 = 2425{,}9\ m^2$

2.4 Einzeichnen des Kreises k und der Strecke [ME] (siehe 2.1)

Berechnen Sie die Größe der Rasenfläche.
Für den Flächeninhalt A gilt: $A = A_{Viereck\ ABCD} - A_{Dreieck\ MEC} - A_{Sektor\ MDE}$

Berechnung von γ im beliebigen Dreieck BCD mit dem Kosinussatz:

$\overline{BD}^2 = \overline{CD}^2 + \overline{BC}^2 - 2 \cdot \overline{CD} \cdot \overline{BC} \ \cos\gamma$

$\cos\gamma = \dfrac{\overline{CD}^2 + \overline{BC}^2 - \overline{BD}^2}{2 \cdot \overline{CD} \cdot \overline{BC}}$

$\cos\gamma = \dfrac{60{,}7^2 + 75^2 - 47{,}6^2}{2 \cdot 60{,}7 \cdot 75}$

$\gamma = 39{,}3^\circ$

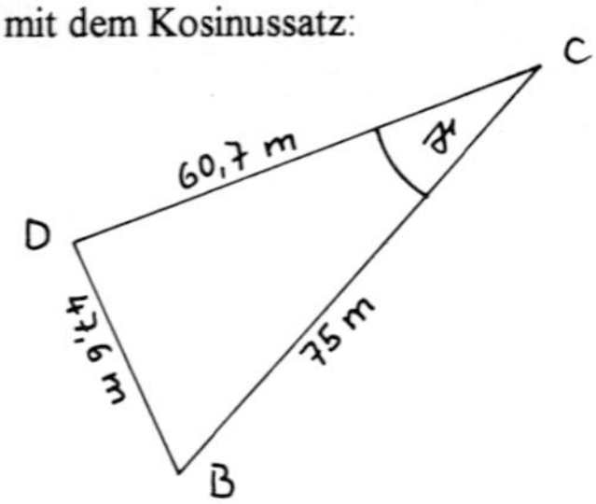

Im gleichschenkligen Dreieck ECM gilt: $\sphericalangle EMC = 180^\circ - 2 \cdot 39{,}3^\circ$

$\sphericalangle EMC = 101{,}4^\circ = \mu$

Berechnung des Radius r: $r = \overline{MC} = \overline{ME} = \overline{MD} = 0{,}5 \cdot \overline{DC}$

$r = 0{,}5 \cdot 60{,}7\ m = 30{,}4\ m$

Mittelpunktswinkel des Sektors DME: $\mu' = \sphericalangle DME = 180^\circ - \mu$

$\mu' = 180^\circ - 101{,}4^\circ = 78{,}6^\circ$

Flächeninhalt des Dreiecks MEC: $A_{\text{Dreieck MEC}} = \frac{1}{2} \cdot r \cdot r \cdot \sin \mu$

$$A_{\text{Dreieck MEC}} = \frac{1}{2} \cdot 30{,}4\text{ m} \cdot 30{,}4\text{ m} \cdot \sin 101{,}4^{\circ}$$

$$A_{\text{Dreieck MEC}} = 453{,}0\text{ m}^2$$

Flächeninhalt des Sektors DME: $A_{\text{Sektor MDE}} = \frac{r^2 \cdot \pi}{360^{\circ}} \cdot \mu'$

$$A_{\text{Sektor MDE}} = \frac{(30{,}4\text{ m})^2 \cdot \pi}{360^{\circ}} \cdot 78{,}6^{\circ}$$

$$A_{\text{Sektor MDE}} = 633{,}9\text{ m}^2$$

Für die Rasenfläche gilt: $A = A_{\text{Viereck ABCD}} - A_{\text{Dreieck MEC}} - A_{\text{Sektor MDE}}$

$$A = 2425{,}9\text{ m}^2 - 453{,}0\text{ m}^2 - 633{,}9\text{ m}^2$$

$$A = 1339{,}0\text{ m}^2$$

3.1 Zeichnen des Schrägbildes der Pyramide ABCS.

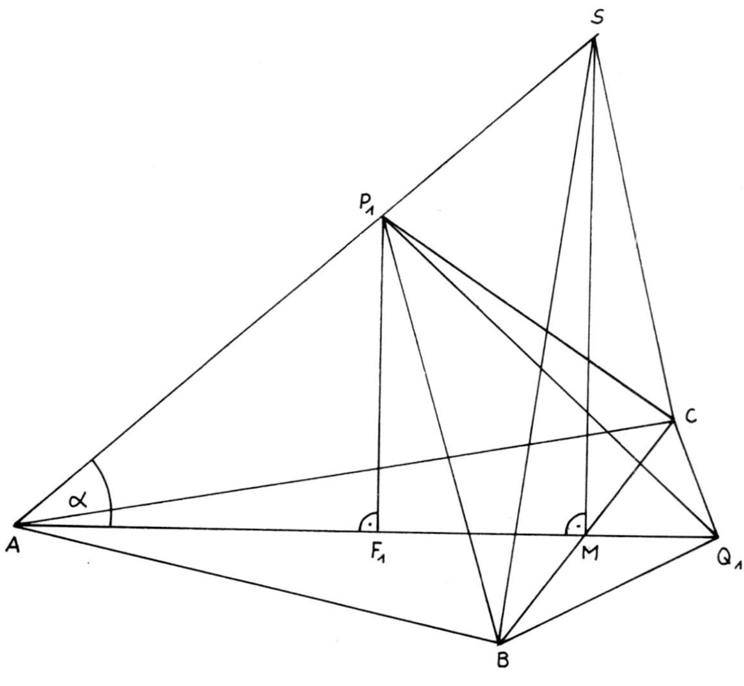

3.1

Berechnen Sie das Maß α des Winkels MAS .
Im rechtwinkligen Dreieck AMS gilt: $\tan\alpha = \dfrac{\text{Länge der Gegenkathete}}{\text{Länge der Ankathete}}$

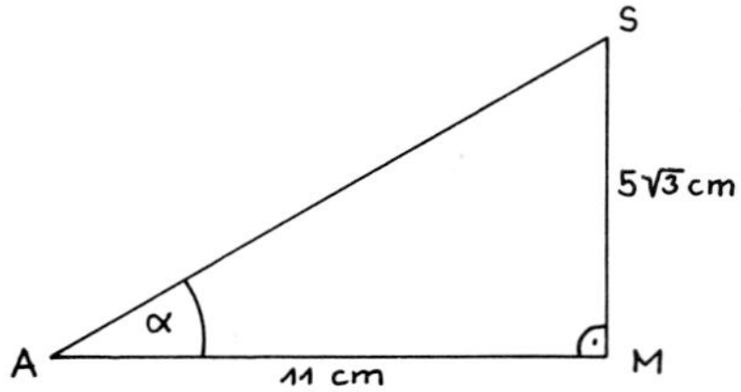

$$\tan\alpha = \frac{\overline{MS}}{\overline{AM}}$$

$$\tan\alpha = \frac{5\sqrt{3}\text{ cm}}{11\text{ cm}} = 0{,}79$$

$$\alpha = 38{,}21^{\circ}$$

Berechnen Sie die Kantenlänge $\overline{AS}$.
Im rechtwinkligen Dreieck AMS gilt der Satz des Pythagoras

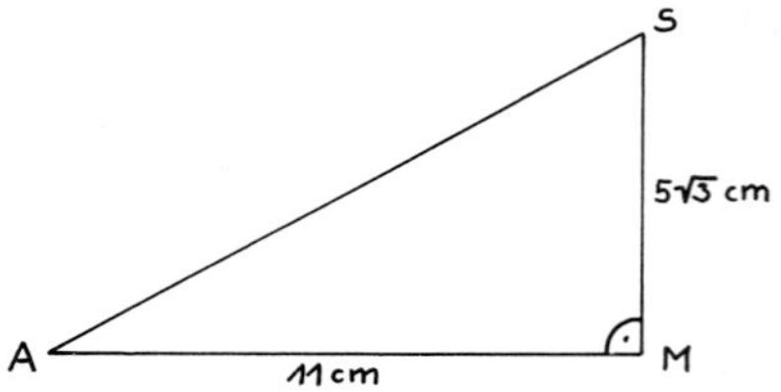

$$\overline{AS}^2 = \overline{AM}^2 + \overline{MS}^2$$

$$\overline{AS}^2 = (11\text{ cm})^2 + (5\sqrt{3}\text{ cm})^2$$

$$\overline{AS}^2 = 196\text{ cm}^2$$

$$\overline{AS} = 14\text{ cm}$$

3.2 Einzeichnen der Pyramide ABQ_1CP_1 mit der Pyramidenhöhe $[P_1F_1]$ (siehe 3.1)

3.3

Der Winkel AP_2Q_2 hat das Maß 90°. Berechnen Sie den zugehörigen Wert für x.
Im rechtwinkligen Dreieck AQ_2P_2 gilt: $\cos\alpha = \dfrac{\text{Länge der Ankathete}}{\text{Länge der Hypotenuse}}$

$0 < x < 7$; $x \in \mathbb{R}$

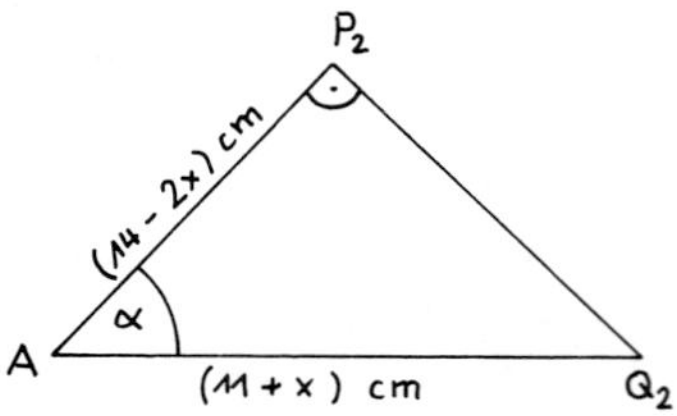

$$\cos\alpha = \frac{(14-2x)\text{ cm}}{(11+x)\text{ cm}}$$

$$\cos 38{,}21^{\circ} = \frac{14-2x}{11+x}$$

$$\Leftrightarrow \quad (11 + x)\cdot\cos 38{,}21^{\circ} = 14 - 2x$$

$$\Leftrightarrow \quad (11 + x)\cdot 0{,}79 = 14 - 2x$$

$$\Leftrightarrow \quad 8{,}69 + x\cdot 0{,}79 = 14 - 2x$$

$$\Leftrightarrow \quad x\cdot 2{,}79 = 5{,}31$$

$$\Leftrightarrow \quad x = 1{,}90$$

$$\mathbb{L} = \{\, 1{,}90 \,\}$$

3.4

Zeigen Sie, daß für die Höhen $\overline{P_nF_n}(x)$ der Pyramiden gilt: $\overline{P_nF_n}(x) = \frac{5\sqrt{3}}{7} \cdot (7 - x)$ cm
Lösung mit dem Vierstreckensatz

Vierstreckensatz:

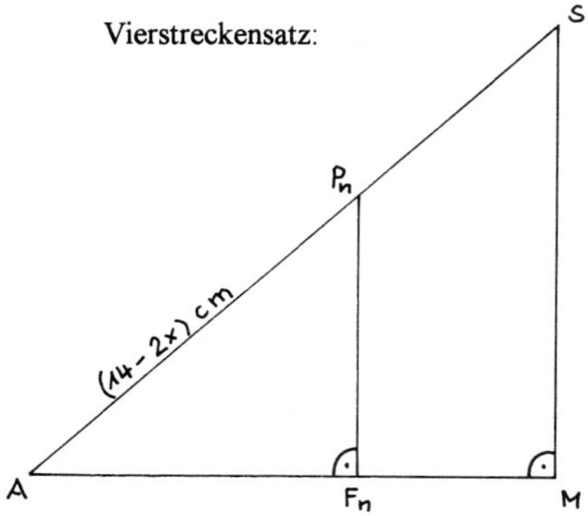

$$\frac{\overline{P_nF_n}(x)}{\overline{MS}} = \frac{\overline{AP_n}(x)}{\overline{AS}}$$

$$\overline{P_nF_n}(x) = \frac{\overline{AP_n}(x)}{\overline{AS}} \cdot \overline{MS}$$

$$\overline{P_nF_n}(x) = \frac{14 - 2x}{14} \cdot 5\sqrt{3} \text{ cm}$$

$$\overline{P_nF_n}(x) = \frac{2 \cdot (7 - x)}{14} \cdot 5\sqrt{3} \text{ cm}$$

$$\overline{P_nF_n}(x) = \frac{5\sqrt{3}}{7} \cdot (7 - x) \text{ cm}$$

Stellen Sie das Volumen V(x) der Pyramiden ABQ_nCP_n in Abhängigkeit von x dar.
Für das Volumen einer Pyramide gilt: $V = \frac{1}{3} \cdot A_G \cdot h$

Grundfläche (Drachenvierecke): $A_G = 0{,}5 \cdot e \cdot f$

$A_G = 0{,}5 \cdot (11 + x)\text{ cm} \cdot 10\text{ cm} = 5\,(11 + x)\text{ cm}^2$

Pyramide ABQ_nCP_n: $V = \frac{1}{3} \cdot A_G \cdot h$

$$V(x) = \frac{1}{3} \cdot 5\,(11 + x)\text{ cm}^2 \cdot \frac{5\sqrt{3}}{7} \cdot (7 - x)\text{ cm}$$

$$V(x) = \frac{5 \cdot 5\sqrt{3}}{7 \cdot 3} \cdot (11 + x)\,(7 - x)\text{ cm}^3$$

$$V(x) = \frac{25\sqrt{3}}{21} \cdot (77 - 11x + 7x - x^2)\text{ cm}^3$$

$$V(x) = \frac{25\sqrt{3}}{21} \cdot (-x^2 - 4x + 77)\text{ cm}^3$$

3.5

Überprüfen Sie, ob es unter den Pyramiden ABQ_nCP_n eine Pyramide gibt, die das gleiche Volumen wie die Pyramide ABCS hat.
1) Für das Volumen der Pyramide ABCS gilt: $V = \frac{1}{3} \cdot A_G \cdot h$ 2) Es gilt: $V(x) = \ldots \text{ cm}^3 \wedge V = \ldots \text{ cm}^3$

zu 1) Pyramides ABCS:

$$V = \frac{1}{3} \cdot A_G \cdot h$$

$$V = \frac{1}{3} \cdot \left(\frac{1}{2} \cdot 10 \text{ cm} \cdot 11 \text{ cm}\right) \cdot 5\sqrt{3} \text{ cm}$$

$$V = \frac{550\sqrt{3}}{6} \text{ cm}^3 \quad ; (V = 158{,}77 \text{ cm}^3)$$

zu 2) Gleichsetzen:

$$\frac{25\sqrt{3}}{21} \cdot (-x^2 - 4x + 77) = \frac{550\sqrt{3}}{6} \qquad | : \frac{25\sqrt{3}}{21}$$

$$\Leftrightarrow \quad -x^2 - 4x + 77 = \frac{550\sqrt{3}}{6} \cdot \frac{21}{25\sqrt{3}}$$

$$\Leftrightarrow \quad -x^2 - 4x + 77 = \frac{22 \cdot 7}{2}$$

$$\Leftrightarrow \quad -x^2 - 4x + 77 = 77$$

$$\Leftrightarrow \quad -x^2 - 4x = 0$$

$$\Leftrightarrow \quad x^2 + 4x = 0$$

$$\Leftrightarrow \quad x \cdot (x + 4) = 0$$

$$\Leftrightarrow \quad x = 0 \vee x = 4$$

Für $0 < x < 7 \,;\, x \in \mathbb{R}$ gilt: $\mathbb{L} = \emptyset$

Keine der Pyramiden ABQ_nCP_n ist volumengleich mit der Pyramide ABCS.

Bearbeitung einer Abschlußprüfungsaufgabe

1. Vorüberlegungen . . .

Arbeitszeit: 150 Minuten
Hilfsmittel: Formelsammlung, Taschenrechner

Natürlich sollen Sie in der vorgegebenen Arbeitszeit möglichst alle Aufgaben lösen und damit möglichst viele Punkte sammeln, doch ohne die nötigen Vorüberlegungen kann dies trotz einer gewissenhaften mathematischen Vorbereitung schief gehen.
Eine sinnvolle, überlegte Arbeitsweise und die Kenntnis der Techniken der Texterschließung bei Sach- und Prüfungsaufgaben sind für das erfolgreiche Bestehen einer schriftlichen Abschlußprüfungsaufgabe eine wesentliche Grundlage.

Gesamtaufgabe	Überfliegen Sie zunächst den gesamten Aufgabentext und ordnen Sie die Teilaufgaben den bekannten Themenbereichen zu: Funktionen - Trigonometrie - usw. Wählen Sie eine Teilaufgabe aus, mit der Sie beginnen wollen. Legen Sie die Reihenfolge der anderen Teilaufgaben fest.

Teilaufgabe	Benutzen Sie die Techniken der Texterschließung, um Art und Umfang der Fragen genau zu erfassen. Erkennen Sie die Struktur der Teilaufgabe und verwenden Sie die im Text enthaltenen Informationen, um die Arbeitsaufträge genau herauszuarbeiten.

Einzelaufgaben	Führen Sie nun die einzelnen, nummerierten Arbeitsaufträge durch und ermitteln Sie die (und nur die) gesuchten Größen.

Ziel der Texterschließung hier ist es, den Textaufbau der Prüfungsaufgabe zu untersuchen und den Inhalt des Textes voll zu erfassen. Es erleichtert das Verständnis, wenn man Textstellen durch Markieren hervorhebt sowie geeignete Abkürzungen und Markierungszeichen am Textrand anbringt.

Vorschläge für Markierungen im Text		Abkürzungen und Markierungszeichen am Textrand	
Arbeitsauftrag	________	!	besonders beachten
besonders Wichtiges	=======	?	unklar
Informationen	[Kasten]	ZE	Zwischenergebnis angegebenen
Unklares	- - - - - - -	E	Ergebnis bekannt

Merke: Das Angabenblatt kann mit eigenen Notizen versehen werden.
Nicht mehr als unbedingt markieren, da sonst der Überblick verloren geht.
Mit verschiedenen Farben lassen sich zusätzliche Unterscheidungen treffen.

2. Symbole - Schreibweisen - Fachbegriffe verstehen . . .

Neben dem sorgfältigen, sinnerfassenden Lesen des Angabentextes und dem Markieren von Textstellen müssen Sie alle fachspezifischen Wörter und Fomulierungen klären und die in mathematischen Texten eingesetzten Symbole und Schreibweisen genau kennen.

Sie finden hier zunächst eine Zusammenstellung der Symbole und Schreibweisen, die in Abschlußprüfungen am häufigsten vorkommen. Prüfen Sie Ihr Wissen, füllen Sie die Vokabelliste aus und klären Sie unbekannte Begriffe !!

=> Punkte

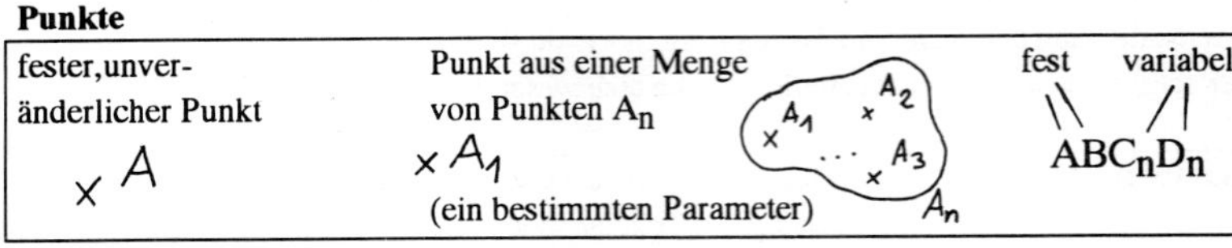

=> Linien

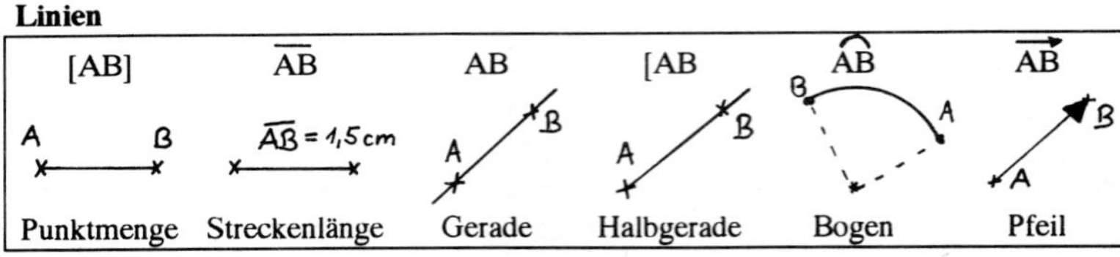

=> Flächen

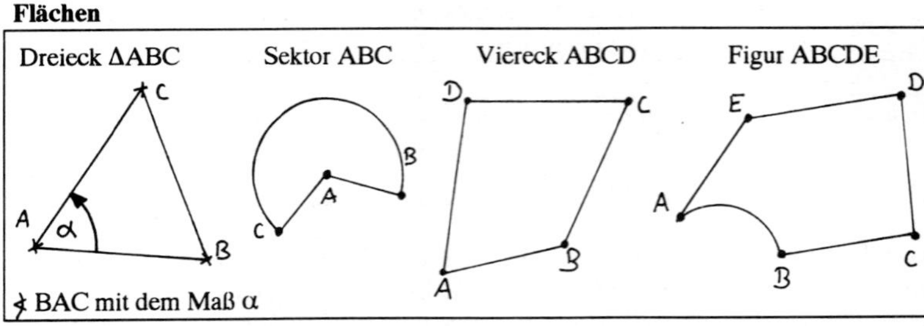

=> Mengen

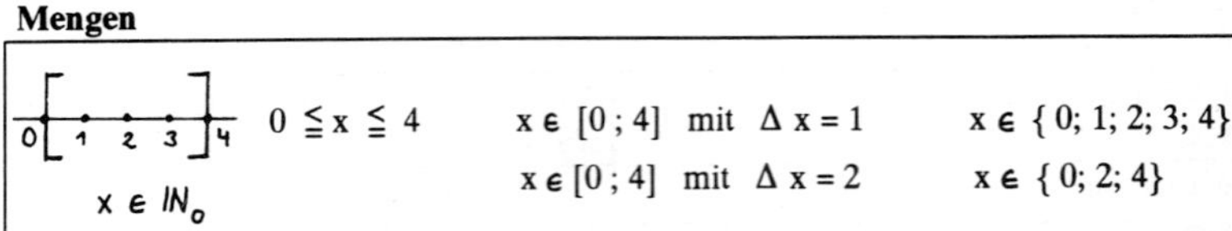

=> Formulierungen

verlängern um x:	**+ x**	verkürzen um x :	**- x**	das x-fache:	**· x**
um x größer:	**+ x**	um x kleiner:	**- x**	der x-te Teil:	**: x**

Fachbegriffe:

Punkte:

Scheitelpunkt	Mittelpunkt
Eckpunkt - Endpunkt	Schwerpunkt
Fußpunkt	Umkreismittelpunkt
Teilpunkt	Inkreismittelpunkt

Strecken:

Basis	Kathete (An- , Gegen-)
Diagonale	Hypotenuse
Abstand	Radius
Bogenlänge	Grundkante
Seite	Seitenkante
Höhe	

Geraden:

Winkelhalbierende	Parallele
Seitenhalbierende	Lot
Mittelsenkrechte	

Winkel:

Neigungswinkel	Randwinkel
Öffnungswinkel	Verzerrungswinkel
Mittelpunktswinkel	

Körper:

Schrägbild(-achse)	Axialschnitt
Netz	Abwicklung

Mengen:

Grundmenge	Lösungsmenge
Definitionsmenge	Intervalle
Wertemenge	

Begriffe:

Abszisse	konkav
Ordinate	konvex

Welche Vokabeln sind unklar ? ✓ **kann ich !** ? **kann ich nicht !!**

3. Arbeitsaufträge und Struktur einer Teilaufgabe erkennen . . .

Das Erfassen des Inhaltes und das Erkennen der Fragestruktur soll nun am Beispiel einer Abschlußprüfungsaufgabe erläutert werden.

Die folgenden Formulierungen werden wiederholt in Abschlußprüfungsfragen eingesetzt und stehen für bestimmte Tätigkeiten. Lesen Sie diese Textbausteine sorgfältig und versuchen Sie anschließend, diese in den prüfungsfragen wieder zu entdecken.

=> **Eindeutige Arbeitsaufträge:**

Berechnen Sie . . .
Ermitteln Sie (rechnerisch) . . .
Ermitteln Sie durch Rechnung . . .
Bestimmen Sie (rechnerisch) . . .

=> **Endergebnis ist bekannt:**

Weisen Sie durch Rechung nach, daß . . . gilt.
Zeigen Sie(durch Rechnung), daß (für ...) gilt: . . .
Zeigen Sie, daß man . . . erhält.
Bestätigen Sie durch Rechnung, daß . . . gilt:
Zeigen Sie, daß ... wie folgt dargestellt werden kann:

=> **Zwischenergebnisse nutzen:**

Eckige Klammern am Ende einer Einzelaufgabe
[Teilergebnis: . . .]
[Ergebnis: . . .]

=> **Entscheidung und Begründung nach Rechnung:**

Begründen Sie, daß . . .
Prüfen Sie durch Rechnung, ob . . .
Weisen Sie durch Rechnung nach, . . .
Entscheiden Sie durch Rechnung, ob

=> **Zeichnungen:**

Zeichnen Sie . . .
Konstruieren Sie . . .
Ergänzen Sie die Zeichnung . . .
Tragen Sie . . . in die Zeichnung zu ... ein.

=> **Taschenrechner:**

Tabellarisieren Sie . . .
. . . auf zwei Stellen nach dem Komma gerundet.

=> **Abhängigkeit:**

. . . in Abhängigkeit von (der Abszisse x) . . .
Die variable Größe ist stets eine Zahl, kein Winkel !

Wenden Sie Ihre Kenntnisse nun auf den folgenden Prüfungstext an:

1.0 Gegeben sind die Funktionen f_1 mit $y = -0{,}25x^2 + 1{,}5x - 0{,}25$ und f_2 mit $y = -0{,}5x + 6$ $(G = R \times R)$.
Der Graph zu f_1 ist die Parabel p, der Graph zu f_2 ist die Gerade g.

1.1 Berechnen Sie die Koordinaten des Scheitelpunktes S der Parabel p. Tabellarisieren Sie sodann f_1 für $-3 \leqq x \leqq 7$ in Schritten von $\Delta x = 1$, und zeichnen Sie die Parabel p und die Gerade g in ein Koordinatensystem.
Für die Zeichnung: Längeneinheit 1cm; $-7 \leqq x \leqq 8$; $-8 \leqq y \leqq 9$

1.2 Die Punkte $A_n(x \mid -0{,}25x^2 + 1{,}5x - 0{,}25)$ auf der Parabel p und die Punkte B_n auf der Geraden g sind Eckpunkte von gleichschenkligen Trapezen $A_nB_nC_nD_n$ mit $[A_nB_n] \parallel [C_nD_n]$.
Die Eckpunkte A_n und B_n haben jeweils dieselbe Abszisse x. Die Seiten $[C_nD_n]$ und die Trapezhöhen sind jeweils 4 cm lang.
Zeichnen Sie die Trapeze $A_1B_1C_1D_1$ für $x = -2$ und $A_2B_2C_2D_2$ für $x = 3$ in das Koordinatensystem zu 1.1 ein.

1.3 Berechnen Sie das Maß γ des Winkels $D_2C_2B_2$ auf zwei Stellen nach dem Komma gerundet.

1.4 Weisen Sie durch Rechnung nach, daß für den Flächeninhalt A(x) der Trapeze $A_nB_nC_nD_n$ in Abhängigkeit von der Abszisse x der Punkte A_n gilt: $A(x) = (0{,}5\,x^2 - 4\,x + 20{,}5)$ FE.

1.5 Unter den Trapezen $A_nB_nC_nD_n$ besitzt das Trapez $A_oB_oC_oD_o$ den kleinstmöglichen Flächeninhalt A_{min}.
Berechnen Sie die x-Koordinate des Punktes A_o, und geben Sie A_{min} an.

1.6 Unter den Trapezen $A_nB_nC_nD_n$ gibt es zwei Quadrate $A_3B_3C_3D_3$ und $A_4B_4C_4D_4$.
Berechnen Sie die zugehörigen Werte für x auf zwei Stellen nach dem Komma gerundet.

=> Formulieren Sie die einzelnen Arbeitsaufträge in kurze Befehlssätze um, und markieren Sie die gesuchten Größen im Text. Klären Sie genau, wen oder was Sie ermitteln sollen und welche Tätigkeit erwartet wird.

	Auftag	wen oder was ?	Ergänzung
1.1	Berechnen Sie	**die Koordinaten**	des Scheitelpunktes S . . .
1.2	Zeichnen Sie	**die Trapeze**	für x = -2 und x = 3 . . .
1.3	Berechnen Sie	**das Maß γ**	des Winkels . . .
1.4	Weisen Sie nach	**daß für A(x) gilt:**	. . .
1.6	Berechnen Sie	**die x-Koordinate**	des Punktes A_o . . .

Stellen Sie (auf einem Konzeptpapier) alle Aufträge in einer Übersicht kurz dar:

1.1	**S**	**Tabelle**	**p, g**
1.2	**Trapeze**		
1.3	**γ**		
1.4	**A(x)**		
1.5	**A_0 (... |)**	**A_{min}**	
1.6	**x**		

In dieser graphischen Übersicht wurde die gesuchte **Größe** jeweils in einem Rechteck eingetragen. Die gewünschte **Form des Ergebnises** (Zahl - Term bei Rechnungen, sowie Zeichnung) bestimmt die Form des Rechtecks:

Zahl   Term   Zeichnung

Diese Vorarbeit dient ihrer eigenen Sicherheit, keine gesuchte Größe zu übersehen. Gleichzeitig können Sie die Übersicht mit weiteren Details ergänzen und natürlich auch Ihre errechnete Ergebnisse hier eintragen.

=>	**Anzahl der Lösungen**	2	
=>	**Genauigkeit des Ergebnises**	≈	(Runden auf zwei Stellen mit dem Taschenrechner ?)
=>	**(Zwischen-)Ergebnis bekannt**	ZE / E	
=>	**Aufgabe gelöst / nicht gelöst**	✓ / ?	

Bleiben Sie jedoch nicht an den Einzelaufgaben hängen, sondern versuchen Sie, die Struktur der Teilaufgabe zu erfassen. Neben der "reinen Textinformation" können Sie aufgrund der Anordnung einer Einzelfrage im Text auch "zwischen den Zeilen" weitere Hinweise zur Lösung finden.

Struktur der Teilaufgabe 1

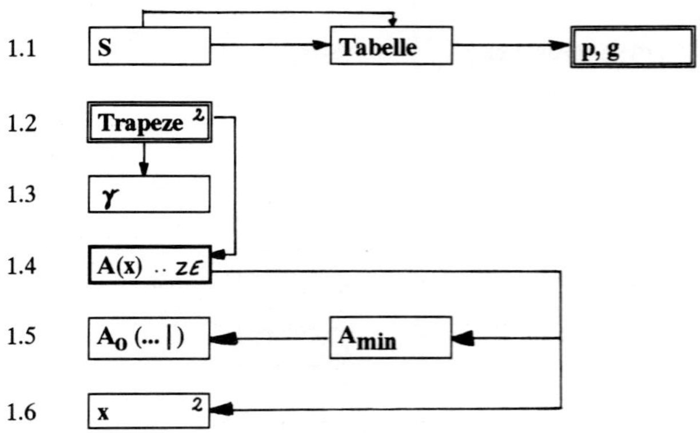

Beispiel: Das Zwischenergebnis für A(x) aus 1.4 wird in Aufgabe 1.5 zur Berechnung des Extremwertes herangezogen. In 1.6 erfolgt mit "Quadrate" verschlüsselt ein Hinweis auf den erneuten Einsatz des Zwischenergebnisses (Quadratfläche berechnen).

Durch Gleichsetzen der Informationen Quadrate und $A(x) = 0{,}5x^2 - 4x + 20{,}5$ FE erhält man eine quadratische Gleichung (zwei Lösungen - vgl.: Plural "Quadrate)

4. Informationen in der Abschlußprüfungsaufgabe verstehen . . .

Im Text einer Abschlußprüfungsaufgabe stehen nicht nur eine Reihe von Arbeitsaufträgen, sondern ebenfalls eine Vielzahl von wichtigen, unentbehrlichen Informationen zum Lösen der Aufgaben. Neben dem äußeren Aufbau, der im wesentlichen die Teilaufgaben und Arbeitsaufträge durch Absätze und Nummerierung deutlich werden läßt, ist auch der innere Aufbau des Textes von großer Bedeutung.

So ist es wichtig, die Textinformationen sorgfältig zu lesen, die Inhalte logisch zu gliedern und die Reihenfolge der Informationen genau zu beachten.

Suchen Sie die für eine Rechnung nötigen Informationen nicht irgendwo im Text, sondern gewinnen Sie sofort einen Vorteil bei Ihrer Berechnung, wenn Sie genau wissen, wo - aufgrund der Anordnung der Informationen im Text - Sie die Informationen zur Lösung finden werden.

Folgende Informationen kann man finden:

(a) Allgemeine einführende Informationen, die für eine Teilaufgabe bestimmt sind.
(b) Informationen zur Lösung eines speziellen Arbeitsauftrages
(c) Ergänzende, weiterführende Informationen
(d) Informationen, die aus vorhergehenden Aufgabennummern zu übertragen sind.
(e) Informationen, die durch Fachbegriffe verschlüsselt sind

1.0 Gegeben sind die Funktionen f_1 mit $y = -0{,}25x^2 + 1{,}5x - 0{,}25$ und f_2 mit $y = -0{,}5x + 6$ $(G = \mathbb{R} \times \mathbb{R})$. Der Graph zu f_1 ist die Parabel p, der Graph zu f_2 ist die Gerade g. ← **(a)**

1.1 Berechnen Sie die Koordinaten des Scheitelpunktes S der Parabel p. Tabellarisieren Sie sodann f_1 für $-3 \leqq x \leqq 7$ in Schritten von $\Delta x = 1$ und zeichnen Sie die Parabel p und die Gerade g in ein Koordinatensystem.
Für die Zeichnung: Längeneinheit 1cm; $-7 \leqq x \leqq 8$; $-8 \leqq y \leqq 9$ ← **(b)**

1.2 Die Punkte $A_n(\,x \mid -0{,}25x^2 + 1{,}5x - 0{,}25)$ auf der Parabel p und die Punkte B_n auf der Geraden g sind Eckpunkte von gleichschenkligen Trapezen $A_nB_nC_nD_n$ mit $[A_nB_n] \parallel [C_nD_n]$.
Die Eckpunkte A_n und B_n haben jeweils dieselbe Abszisse x. Die Seiten $[C_nD_n]$ und die Trapezhöhen sind jeweils 4 cm lang. ← **(c)**
Zeichnen Sie die Trapeze $A_1B_1C_1D_1$ für $x = -2$ und $A_2B_2C_2D_2$ für $x = 3$ in das Koordinatensystem zu 1.1 ein.

1.3 Berechnen Sie das Maß γ des Winkels $D_2C_2B_2$ auf zwei Stellen nach dem Komma gerundet.

1.4 Weisen Sie durch Rechnung nach, daß für den Flächeninhalt A(x) der Trapeze $A_nB_nC_nD_n$ in Abhängigkeit von der Abszisse x der Punkte A_n gilt: $A(x) = (0{,}5\,x^2 - 4\,x + 20{,}5)$ FE. ← **(d)**

1.5 Unter den Trapezen $A_nB_nC_nD_n$ besitzt das Trapez $A_oB_oC_oD_o$ den kleinstmöglichen Flächeninhalt A_{min}.
Berechnen Sie die x-Koordinate des Punktes A_o, und geben Sie A_{min} an.

1.6 Unter den Trapezen $A_nB_nC_nD_n$ gibt es zwei Quadrate $A_3B_3C_3D_3$ und $A_4B_4C_4D_4$.
Berechnen Sie die zugehörigen Werte für x auf zwei Stellen nach dem Komma gerundet. ← **(e)**

In der Trigonometrie sucht man zur Strecken- oder Winkelberechnung stets ein Dreieck. Für den richtigen Rechenansatz ist vorher zu klären, ob das gewählte Dreieck rechtwinklig ist oder nicht.

a) **Direkte Hinweise:**

Der rechte Winkel wird durch eindeutige Formulierungen wie ... senkrecht ... rechtwinklig ... orthogonal ... normal ... 90° ... im Text angesprochen:

Im rechtwinkligen Dreieck ...
Das gleichschenklig-rechtwinklige Dreieck ...
Die Gerade g steht senkrecht auf ...
... schließen den Winkel BAC mit dem Maß $\varphi = 90^o$ ein.

b) **Verschlüsselte Hinweise:**

Der rechte Winkel erscheint in der Aufgabenstellung nicht direkt, er muß über die verwendeten Fachausdrücke oder über die vorliegenden geometrischen Eigenschaften erkannt werden bzw. ergänzt werden. Hinweise auf einen rechten Winkel können in folgenden Begriffen enthalten sein:

- Vierecke:

Drachenviereck	Diagonalen stehen aufeinander senkrecht
Raute	Diagonalen stehen aufeinander senkrecht
Rechteck	alle Innenwinkel sind 90°
Quadrat	Diagonalen stehen aufeinander senkrecht und alle Innenwinkel sind 90°

- Dreieckshöhe — Grundlinie g $\perp$ Höhe h
- Körper — Die Höhe eines Körpers steht senkrecht auf der Grundfläche A_G

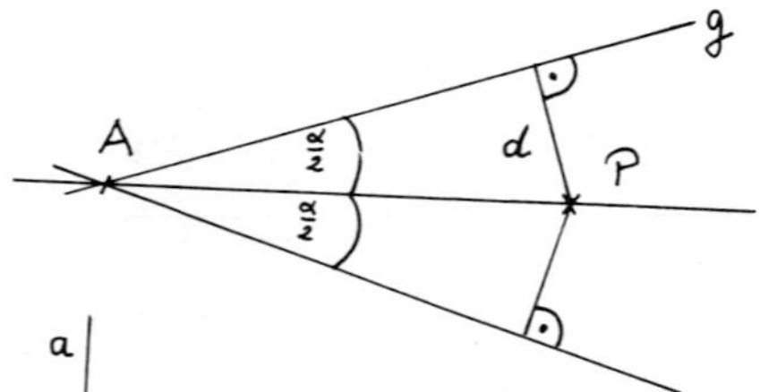

- Lot
- Abstand d(P; g)
- minimale Streckenlänge
- Winkelhalbierende

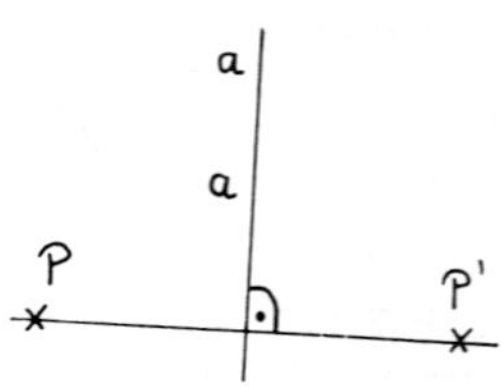

- Mittelsenkrechte
- Achsenspiegelung

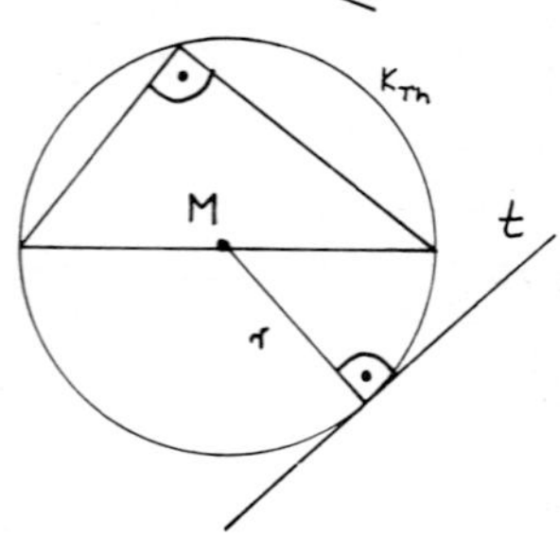

Tangente — Radius r $\perp$ Tangente t
Thaleskreis

5) Lösungen finden . . .

1) Lösungsansätze:

Es gibt eine Reihe von beliebten Fragen, die wiederholt in Abschlußprüfungen enthalten sind. Durch Bearbeitung früherer Prüfungsaufgaben kann man diese Standardaufgaben üben und die zugehörigen typischen Lösungsansätze lernen.

2) Lösungsideen

Zu manchen Fragen gibt es mehrere Rechenmöglichkeiten. Welcher Ansatz richtig ist, kann man den Textangaben entnehmen, wenn die möglichen Ansätze gegen die Textinformationen abgewogen werden.

Gesucht: A(x) - Wie kann der Flächeninhalt der Trapeze berechnet werden ?

Welche möglichen Ansätze kenne ich ?

Wissen / Lernen
Trapez im Koordinatensystem - mit Streckenlängen: $A = \frac{a+c}{2} \cdot h$ - mit Eckpunkten Zerlegung in Teildreiecke $A = A_1 + A_2$

Welcher Ansatz ist hier möglich ?

Textinformationen
1.2 . . . gleiche Abszisse der Eckpunkte A_n , B_n . . . paralle Trapezseiten . . . $\overline{CD} = 4$ LE ; . . . $h = 4$ LE

Da in der Angabe bereits zwei von drei nötigen Streckenlängen zur Berechnung der Trapezfläche bekannt sind, ist der Ansatz mit Hilfe der Streckenlänge naheliegend. Zunächst werden die Werte der gegebene Strecken den Größen c und h zugeordnet. Abschließend wird (mit einer Standardaufgabe) die fehlende Seitenlänge ermittelt:

Streckenlänge bei gleicher Abszisse
$\overline{A_nB_n} = (y_A - y_B)$ LE $\overline{A_nB_n}(x) = (0{,}25x^2 - 2x + 6{,}25)$ LE

→

Ansatz
$A = \frac{a+c}{2} \cdot h$ $A(x) = \frac{\overline{A_nB_n}(x) + \overline{C_nD_n}}{2} \cdot h$ $A(x) = \ldots$

3) Lösungswege:

Bei komplexeren Berechnungen muß neben der gesuchten Größe zunächst eine Reihe nötiger Hilfsgrößen in Nebenrechnungen ermittelt werden.

Beispiel:
Nr. 1.3

Überlegen →

ges: γ
Lös: $\tan\gamma = \frac{\overline{HB_2}}{\overline{HC_2}}$ $\tan\gamma = \ldots$

ges: $\overline{HC_2}$
Lös: . . .

ges: $\overline{A_2B_2}$
Lös: . . .

ges: A_2 , B_2
Lös: . . .

← x=3

← Berechnen

Auf einen Blick . . .

Parabelgleichung

geg: A(-4 | 1), B(1 | 3,5) liegen auf der Parabel p mit $y = 0{,}5x^2 + bx + c$

Lös: **Lineares Gleichungssytem**

$$\begin{array}{lll} A \in p: & I. & 1 = 0{,}5 \cdot (-4)^2 + b \cdot (-4) + c \\ B \in p: & II. & \wedge\ 3{,}5 = 0{,}5 \cdot 1^2 + b \cdot 1 + c \end{array}$$

Additionsverfahren:

$$\begin{array}{ll} I'. & 1 = 8 - 4b + c \\ II'. & \wedge\ -3{,}5 = -0{,}5 - b - c \end{array}$$

I'. + II' => $-2{,}5 = 7{,}5 - 5b$; $b = 2$

b einsetzen in II': $c = 1$

also: p mit $y = 0{,}5x^2 + 2x + 1$

Geradengleichung

geg: A(1 | 3), B(3 | 4) , g mit $y = mx + t$

Lös: a) **Steigungsfaktor m des Pfeils $\overrightarrow{AB}$**

$$\overrightarrow{AB} = \begin{pmatrix} 3 - 1 \\ 4 - 3 \end{pmatrix} = \begin{pmatrix} 2 \\ 1 \end{pmatrix}$$

$$m = \frac{\Delta y}{\Delta x} = \frac{1}{2} = 0{,}5$$

b) **y-Achsenabschnitt t durch Einsetzen**

$$\begin{array}{l} A \in g \text{ mit } y = 0{,}5 \cdot x + t \\ 3 = 0{,}5 \cdot 1 + t \\ t = 2{,}5 \end{array}$$

also: g mit $y = 0{,}5\,x + 2{,}5$

Scheitelpunkt (Extremwert)

geg: Quadratischer Funktionsterm

p mit $y = 0{,}5\,x^2 + 2x + 5$ oder

$A(x) = (0{,}5\,x^2 + 2x + 5)$ FE

Lös: **Quadratische Ergänzung**

$$\begin{array}{ll} T(x) = 0{,}5\,x^2 + 2x + 5 & | \cdot 2 \\ 2 \cdot T(x) = x^2 + 4x + 10 & \\ 2 \cdot T(x) = x^2 + 4x + 2^2 - 2^2 + 10 & \\ 2 \cdot T(x) = (x + 2)^2 + 6 & | : 2 \\ T(x) = 0{,}5\,(x + 2)^2 + 3 & \end{array}$$

Scheitelpunkt: S (-2 | 3)

Extremwert: $A_{min}(-2) = 3$ FE

Schnittpunkt (Spezieller Wert)

geg: zwei Funktionsgleichungen

Parabel: $y = -x^2 - 6x + 3{,}5$

Gerade: $y = 2x - 1{,}25$

Lös: **Gleichsetzen => Gleichung**

$$-x^2 - 6x + 3{,}5 = 2x - 1{,}25$$
$$x^2 + 8x - 4{,}75 = 0$$

x-Koordinate: => mit der Lösungsformel:

$x_{1,2} = -\frac{p}{2} \pm \sqrt{D}$; Diskriminante $D = \left(\frac{p}{2}\right)^2 - q$

y-Koordinate: => x-Koordinate einsetzen in die Funktionsgleichung

Streckenlänge

1) **gleiche Abszisse der Eckpunkte**

$\overline{AB} = (y_B - y_A)$ LE

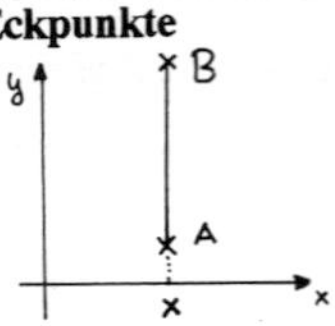

2) **mit einem Pfeil**

$\overrightarrow{AB} = \begin{pmatrix} x \\ y \end{pmatrix}$ $\overline{AB} = \sqrt{x^2 + y^2}$ LE

Flächeninhalt des Dreiecks

1) **zwei Punkte mit gleicher Abszisse**

$A = 0{,}5 \cdot g \cdot h$

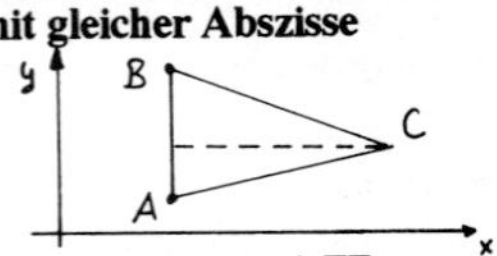

$A = 0{,}5 \cdot (y_B - y_A) \cdot (x_C - x_A)$ FE

2) **mit zwei Pfeilen** (Determinante)

$A = 0{,}5 \cdot \begin{vmatrix} x_1 & x_2 \\ y_1 & y_2 \end{vmatrix}$ FE

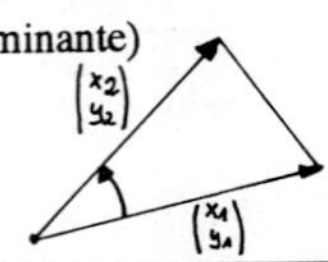

Beliebiges Dreieck

1) **Sinussatz:**

$$\frac{a}{\sin\beta} = \frac{b}{\sin\beta}$$

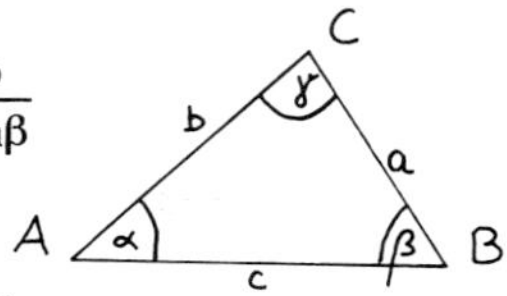

2) **Kosinussatz:**

$$c^2 = a^2 + b^2 - 2 \cdot a \cdot b \cdot \cos\gamma$$

$$\cos\gamma = \frac{a^2 + b^2 - c^2}{2 \cdot a \cdot b}$$

Rechtwinkliges Dreieck

1) mit Winkel:

$\sin\alpha = \frac{a}{c}$ $\cos\alpha = \frac{b}{c}$ $\tan\alpha = \frac{a}{b}$

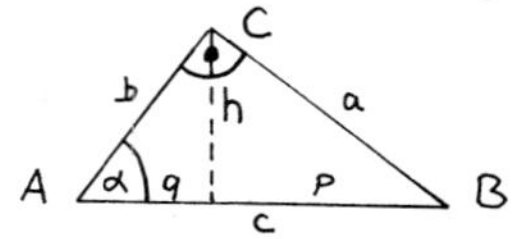

2) ohne Winkel:

Satz des Pythagoras: $c^2 = a^2 + b^2$

Höhensatz: $h^2 = p \cdot q$

Kathetensatz: $a^2 = c \cdot p$; $b^2 = c \cdot q$

Koordinaten von Punkten

geg: Pfeillänge: $\overline{AB} = 10$ LE

Pfeilkoordinaten

in Abhängigkeit von x: $\overrightarrow{AB} = \begin{pmatrix} x - 3 \\ 3 - x \end{pmatrix}$

Lös: **Steigungsdreieck**

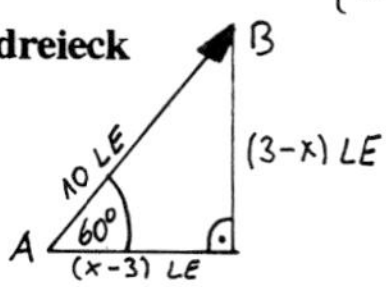

$$\cos 60^\circ = \frac{(x - 3)\ \text{LE}}{10\ \text{LE}}$$

$$0{,}5 \cdot 10 = x - 3$$

$$x = 8$$

Einbeschriebene Strecken

geg:

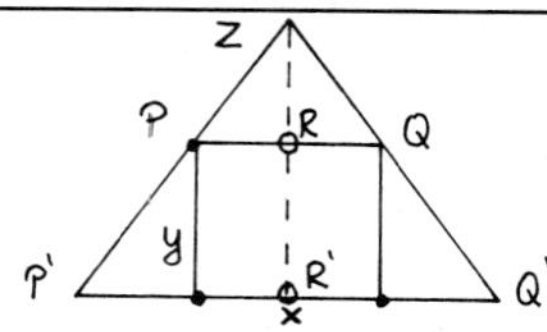

Lös: **Vierstreckensatz**

$$\frac{\overline{ZR'}}{\overline{ZR}} = \frac{\overline{P'Q'}}{\overline{PQ}}$$

$$\frac{6\ \text{cm}}{(6 - y)\ \text{cm}} = \frac{10\ \text{cm}}{x\ \text{cm}}$$

$$6x = 10 \cdot (6 - y)$$

$$y = 6 - 0{,}6\,x$$

Eckpunkte von Figuren

geg: Parallelogramm ABCD mit

A(1 | 1) , B (6 | 2) , C (9 | 5) , D (? | ?)

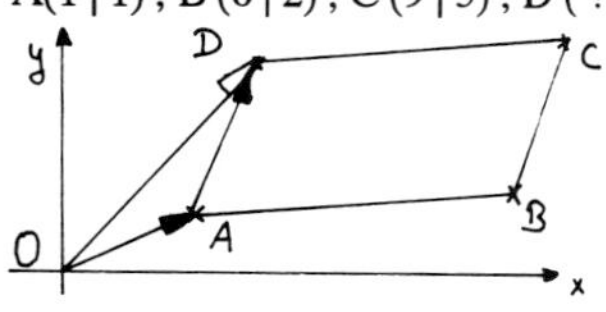

Lös: **Pfeilkette**

$$\overrightarrow{OD} = \overrightarrow{OA} \oplus \overrightarrow{AD}$$

$$\overrightarrow{OD} = \overrightarrow{OA} \oplus \overrightarrow{BC}$$

$$\overrightarrow{OD} = \begin{pmatrix} 1 \\ 1 \end{pmatrix} \oplus \begin{pmatrix} 9 - 6 \\ 5 - 2 \end{pmatrix}$$

$$\overrightarrow{OD} = \begin{pmatrix} 4 \\ 4 \end{pmatrix}$$ also: D(4 | 4)

Punkte auf Funktionsgraphen

geg: $Q_n \in p$ mit $y = x^2 + 3 \cdot x + 5$

$P_n \in g$ mit $y = x$

es gilt: $x_Q = 2 \cdot x_P$

Koordinaten der Punkte Q_n in Abhängigkeit von der Abszisse x der Punkte P_n

Lös: $Q_n\,(\,x_Q \mid x_Q^2 + 3 \cdot x_Q + 5\,)$

$Q_n\,(\,2x_P \mid (2x_P)^2 + 3 \cdot (2x_P) + 5\,)$

$Q_n\,(\,2x_P \mid 4x_P^2 + 6x_P + 5\,)$

Abschlussprüfung Mathematik II 1995 A

1.0 Die Punkte A (-1 | - 1) und C (4 | 4) liegen auf der Parabel p_1 mit der Gleichung $y = -x^2 + 4x + 4$ ($\mathbb{G} = \mathbb{R} \times \mathbb{R}$). Die Parabel p_2 hat eine Gleichung der Form $y = 0{,}5\,x^2 + b\,x + c$ ($\mathbb{G} = \mathbb{R} \times \mathbb{R}$; $b, c \in \mathbb{R}$.) und verläuft ebenfalls durch die Punkte A und C.

1.1 Berechnen Sie die Koordinaten des Scheitelpunktes S_1 der Parabel p_1, und zeichnen Sie die Parabel p_1 in ein Koordinatensystem.
Für die Zeichnung: Längeneinheit 1 cm; $-3 \leqq x \leqq 6$; $-3 \leqq y \leqq 9$

1.2 Ermitteln Sie rechnerisch die Gleichung der Parabel p_2. Zeichnen Sie die Parabel p_2 mit Hilfe einer Wertetabelle für $x \in [-2\,;\,5]$ in Schritten von $\Delta x = 1$ in das Koordinatensystem zu 1.1 ein.
[Teilergebnis: p_2 mit $y = 0{,}5\,x^2 - 0{,}5\,x - 2$]

1.3 Punkte D_n ($x \mid -x^2 + 4x + 4$) auf der Parabel p_1 zwischen den Punkten A und C sind zusammen mit den Punkten A und C die Eckpunkte von Dreiecken ACD_n. Zeichnen Sie das Dreieck ACD_1 für $x = 1$ in das Koordinatensystem zu 1.1 ein.

1.4 Die Gerade g hat die Gleichung $y = 0{,}5\,x - 2{,}5$ ($\mathbb{G} = \mathbb{R} \times \mathbb{R}$). Zeigen Sie rechnerisch, daß die Gerade g Tangente an die Parabel p_2 ist, und berechnen Sie die Koordinaten des Berührpunktes B.
[Teilergebnis: B (1 | - 2)]

1.5 Der Punkt B ist Eckpunkt von Vierecken $ABCD_n$, von denen das Viereck $ABCD_0$ den größtmöglichen Flächeninhalt A_{max} besitzt. Berechen Sie A_{max}.
[Teilergebnis: $A(x) = (-2{,}5\,x^2 + 7{,}5\,x + 17{,}5)$ FE]

1.6 Das Viereck $ABCD_2$ ist ein Trapez mit $[BC] \parallel [AD_2]$. Zeichnen Sie das Trapez $ABCD_2$ in das Koordinatensystem zu 1.1 ein, und berechnen Sie die Koordinaten des Punktes D_2.

2.0 Der Punkt A (- 4 | 1) ist der Schnittpunkt der beiden Geraden g mit $y = \frac{1}{4}x + 2$ und h mit $y = x + 5$ ($\mathbb{G} = \mathbb{R} \times \mathbb{R}$). Die Punkte C_n auf der Geraden h haben eine um 2 größere Abszisse als die Punkte B_n ($x \mid \frac{1}{4}x + 2$) auf der Geraden g. Dabei soll stets $x \geqq -4$ gelten. Die Punkte B_n und C_n legen Strecken $[B_nC_n]$ fest.

2.1 Zeichnen Sie die Geraden g und h sowie die Strecken $[B_1C_1]$ für $x = 0$ und $[B_2C_2]$ für $x = 3$ in ein Koordinatensystem.
Für die Zeichnung: Längeneinheit 1 cm; $-5 \leqq x \leqq 7$; $-1 \leqq y \leqq 11$

2.2 Zeigen Sie rechnerisch, daß sich die Streckenlänge $\overline{B_nC_n}$ (x) in Abhängigkeit von der Abszisse x der Punkte B_n wie folgt darstellen läßt:

$\overline{B_nC_n}(x) = \sqrt{\frac{9}{16}x^2 + \frac{15}{2}x + 29}$ LE. [Teilergebnis: $C_n(x+2 \mid x+7)$]

2.3 Die Strecke $[B_3C_3]$ ist $2\sqrt{17}$ LE lang. Berechnen Sie die Koordinaten des Punktes C_3.

2.4 Berechnen Sie das Maß ε des Winkels DAB_1 mit $D(0 \mid 1)$ auf zwei Stellen nach dem Komma gerundet.
Die Gerade g schließt mit der Strecke $[B_4C_4]$ einen Winkel mit dem Maß 55° ein. Berechnen Sie die x-Koordinate des Punktes B_4. (Auf zwei Stellen nach dem Komma runden.)
[Teilergebnis: $\varepsilon = 14{,}04^\circ$]

3.0 Die Raute ABCD mit den Diagonalenlängen $\overline{AC} = 12$ cm und $\overline{BD} = 16$ cm ist die Grundfläche einer Pyramide ABCDS, deren Spitze S senkrecht über dem Punkt A mit $\overline{AS} = 8$ cm liegt. Die Diagonalen [AC] und [BD] schneiden sich im Punkt M. Die Punkte E_n liegen auf der Strecke [MC] und die Punkte F_n auf der Seitenkante [CS]. Es gilt: $\overline{ME_n} = \overline{SF_n} = x$ cm ($x \leqq 6$; $x \in \mathbb{R}_0^+$).
Die Punkte F_n sind die Spitzen von Pyramiden ABE_nF_n.

3.1 Zeichnen Sie ein Schrägbild der Pyramide ABCDS. Dabei soll [AC] auf der Schrägbildachse liegen. Zeichnen Sie sodann die zu x = 3,5 gehörende Pyramide ABE_1F_1 in das Schrägbild ein.
Für die Zeichnung: $q = \frac{1}{2}$; $\omega = 45^\circ$

3.2 Berechnen Sie das Maß γ des Winkels SCA und sodann die Länge der Seitenkante $[AF_1]$ der Pyramide ABE_1F_1. (Auf zwei Stellen nach dem Komma runden.)
[Teilergebnis: $\gamma = 33{,}69^\circ$]

3.3 Unter den Pyramiden ABE_nF_n gibt es eine Pyramide ABE_2F_2, bei der der Winkel E_2BA das Maß 70° hat. Berechen Sie den zugehörigen Wert für x.
(Auf zwei Stellen nach dem Komma runden.)
[Ergbnis: x = 5,22]

3.4 Berechen Sie das Volumen V_2 der Pyramide ABE_2F_2 und sodann den prozentualen Anteil von V_2 am Volumen V der Pyramide ABCDS. (Auf zwei Stellen nach dem Komma runden.)

Abschlussprüfung Mathematik II 1995 B

1.0 Die Parabel p ist der Graph der Funktion f mit $y = 0{,}25\,x^2 + x - 4$, die Gerade g hat die Gleichung $y = 0{,}5\,x + 2$ ($\mathbb{G} = \mathbb{R} \times \mathbb{R}$).

1.1 Bestimmen Sie die Koordinaten des Scheitelpunktes S der Parabel p.
Tabellarisieren Sie f für $x \in [-7\,;\,5]$ mit $\Delta x = 1$, und zeichnen Sie sodann die Parabel p und die Gerade g in ein Koordinatensystem.
Für die Zeichnung: Längeneinheit 1 cm; $-8 \leqq x \leqq 6$; $-6 \leqq y \leqq 8$

1.2 Die Punkte $A_n\,(x \mid 0{,}25\,x^2 + x - 4)$ auf der Parabel p und die Punkte D_n auf der Geraden g sind für $-6 < x < 4$ und $x \in \mathbb{R}$ Eckpunkte von Parallelogrammen $A_nB_nC_nD_n$.
Die Punkte A_n und D_n haben jeweils dieselbe Abszisse x.
Die Punkte C_n sind die Spitzen der Pfeile $\overrightarrow{D_nC_n} = \begin{pmatrix} 3 \\ 4 \end{pmatrix}$. Zeichnen Sie die Parallelogramme $A_1B_1C_1D_1$ für $x = -4{,}5$ und $A_2B_2C_2D_2$ für $x = -1$ in das Koordinatensystem zu 1.1 ein.

1.3 Berechnen Sie den Flächeninhalt A (x) der Parallelogramme $A_nB_nC_nD_n$ in Abhängigkeit von der Abszisse x der Punkte A_n. [Ergebnis: $A(x) = (-0{,}75\,x^2 - 1{,}5\,x + 18)$ FE]

1.4 Unter den Parallelogrammen $A_nB_nC_nD_n$ hat das Parallelogramm $A_oB_oC_oD_o$ den größtmöglichen Flächeninhalt A_{max}. Berechnen Sie A_{max}.

1.5 Unter den Parallelogrammen $A_nB_nC_nD_n$ gibt es zwei Rauten $A_3B_3C_3D_3$ und $A_4B_4C_4D_4$. Berechnen Sie die x-Koordinaten der Eckpunkte A_3 und A_4 auf zwei Stellen nach dem Komma gerundet.

1.6 Bei den Parallelogrammen $A_5B_5C_5D_5$ und $A_6B_6C_6D_6$ liegen die Eckpunkte B_5 und B_6 auf der x-Achse. Berechnen Sie die x-Koordinaten der Eckpunkte A_5 und A_6.

2.0 Die Entfernung $\overline{PQ}$ von schwer zugänglichen Punkten P und Q in ebenem Gelände soll bestimmt werden. Dazu werden zwei Standorte A und B im Gelände so gewählt, daß die Punkte A, B, P und Q die Eckpunkte eines Vierecks ABPQ sind.

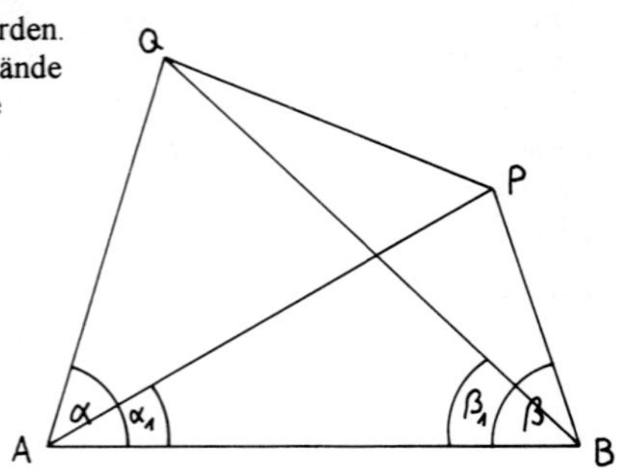

Folgende Größen werden gemessen (siehe nebenstehende, nicht maßstabsgetreue Zeichnung):
$\overline{AB} = 100$ m ;
$\sphericalangle BAQ = \alpha = 75°$; $\sphericalangle BAP = \alpha_1 = 32°$;
$\sphericalangle PBA = \beta = 65°$; $\sphericalangle QBA = \beta_1 = 40°$.

2.1 Zeichnen Sie das Viereck ABPQ im Maßstab 1 : 1000.

2.2 Berechnen Sie die Längen $\overline{AP}$ und $\overline{AQ}$ und sodann die Entfernung $\overline{PQ}$.
(Auf eine Stelle nach dem Komma runden.)
[Teilergebnisse: $\overline{AP} = 91{,}3$ m ; $\overline{AQ} = 70{,}9$ m]

2.3 Der Kreis k mit dem Mittelpunkt P und dem Radius 40 m schneidet [PB] im Punkt S und [PQ] im Punkt R.
Zeichnen Sie den Bogen $\overset{\frown}{RS}$ des Kreises k in die Zeichnung zu 2.1 ein.

2.4 Das von dem Bogen $\overset{\frown}{RS}$ und den Strecken [SB], [BA], [AQ], [QR] begrenzte Gelände wird als Freizeitpark angelegt. Berechnen Sie den Flächeninhalt A dieses Geländes.
(Auf eine Stelle nach dem Komma runden.)
[Teilergbnis: $\sphericalangle$ QPB = $133{,}8^\circ$]

2.5 Die Stelle D am Schnittpunkt von [AP] und [BQ] ist als Brunnenstandort vorgesehen. Berechnen Sie dessen Abstand d von [AB]. (Auf eine Stelle nach dem Komma runden.)

3.0 Das Quadrat ABCD mit der Diagonalenlänge 10 cm ist die Grundfläche einer Pyramide ABCDS. Die Spitze S liegt senkrecht über dem Schnittpunkt M der Diagonalen des Quadrates ABCD mit $\overline{MS} = 10$ cm.

3.1 Zeichnen Sie ein Schrägbild der Pyramide ABCDS. Dabei soll [AC] auf der Schrägbildachse liegen.
Für die Zeichnung: $q = \frac{1}{2}$; $\omega = 45^\circ$

3.2 Berechnen Sie das Maß α des Winkels CAS sowie die Kantenlänge $\overline{AS}$ auf zwei Stellen nach dem Komma gerundet.

3.3 Wenn man die Diagonale [AC] der Grundfläche ABCD von A und von C aus um jeweils x cm ($x < 5$ und $x \in \mathbb{R}^+$) verkürzt, so entstehen neue Pyramiden A_nBC_nDS.
Zeichnen Sie die Pyramide A_1BC_1DS für x = 2,5 in das Schrägbild zu 3.1 ein.
Berechnen Sie das Maß φ des Winkels A_1SB und die Oberfläche O der Pyramide A_1BC_1DS. (Auf zwei Stellen nach dem Komma runden.)
[Teilergebnis: $\varphi = 29{,}80^\circ$]

3.4 Der Punkt P_1 liegt auf der Seitenkante $[A_1S]$; dabei gilt: $\overline{A_1P_1} = 5$ cm.
Berechnen Sie die Streckenlänge $\overline{P_1C_1}$. (Auf zwei Stellen nach dem Komma runden.)

3.5 In der Pyramide A_2BC_2DS hat der Winkel A_2SC_2D das Maß 40°. Berechnen Sie den zugehörigen Wert für x auf zwei Stellen nach dem Komma gerundet.

Lösungsmuster Mathematik II A 1995

1.1 $y = -x^2 + 4x + 4 \iff -y = x^2 - 4x - 4 \iff y = -(x-2)^2 + 8$

Koordinaten des Scheitelpunktes: $S_1(2 \mid 8)$

Einzeichnen der Parabel p_1

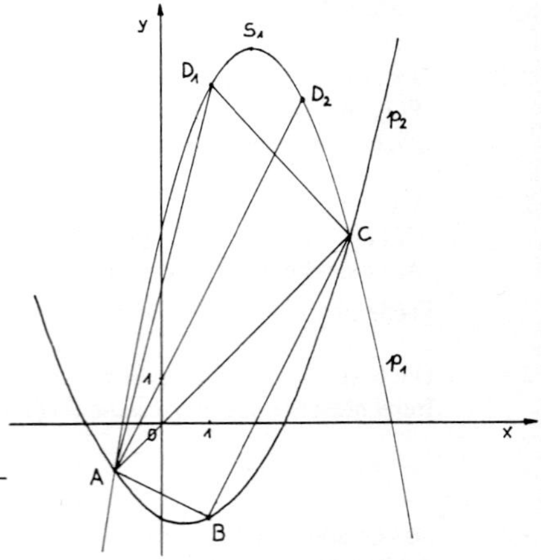

1.2 $A(-1 \mid -1) \in p_2$:

$C(4 \mid 4) \in p_2$:

$$\begin{array}{l|l} \text{I.} & -1 = 0{,}5 \cdot (-1)^2 + b \cdot (-1) + c \\ \text{II.} & \wedge\ 4 = 0{,}5 \cdot 4^2 + b \cdot 4 + c \end{array}$$

$$\iff \begin{array}{l|l} \text{I'.} & -4 = 2 - 4b + 4c \\ \text{II'.} & \wedge\ 4 = 8 + 4b + c \end{array}$$

Additionsverfahren: I' + II': $\iff c = -2$

$b = -0{,}5$ $\qquad \mathbb{L} = \{(-0{,}5 \mid -2)\}$

Wertetabelle:

x	-2	-1	0	1	2	3	4	5
$0{,}5x^2 - 0{,}5x - 2$	1	-1	-2	-2	-1	1	4	8

Einzeichnen der Parabel p_2

1.3 Einzeichnen des Dreiecks ACD_1

1.4 $0{,}5x^2 - 0{,}5x - 2 = 0{,}5x - 2{,}5 \iff x^2 - 2x + 1 = 0$; $D = 0$; g ist Tangente

Koordinaten des Berührpunktes: $B(1 \mid -2)$

1.5 Flächeninhalt des Dreiecks ABC: $A_1 = 7{,}5$ FE

Flächeninhalt der Dreiecke ACD_n: $A_2(x) = 0{,}5\,[5(-x^2 + 4x + 5) - 5(x+1)]$ FE

$A_2(x) = (-2{,}5x^2 + 7{,}5x + 10)$ FE

Flächeninhalt der Vierecke: $A(x) = (-2{,}5x^2 + 7{,}5x + 17{,}5)$ FE

Extremwertbestimmung: $A(x) = [-2{,}5(x - 1{,}5)^2 + 23{,}125]$ FE

$A_{max}(1{,}5) = 23{,}125$ FE

1.6 Einzeichnen des Trapezes $ABCD_2$

$\overrightarrow{BC} = \begin{pmatrix} 3 \\ 6 \end{pmatrix}$; $\overrightarrow{AD_n} = \begin{pmatrix} x + 1 \\ -x^2 + 4x + 5 \end{pmatrix}$

Gleichsetzen der Steigungen: $-x^2 + 4x + 5 = 2(x+1) \iff x^2 - 2x - 3 = 0$;

$\iff (x = -1 \vee)\ x = 3$

Koordinaten des Eckpunktes: $D_2(3 \mid 7)$

2.1 Einzeichnen der Geraden g und h sowie der Strecken $[B_1C_1]$ und $[B_2C_2]$.

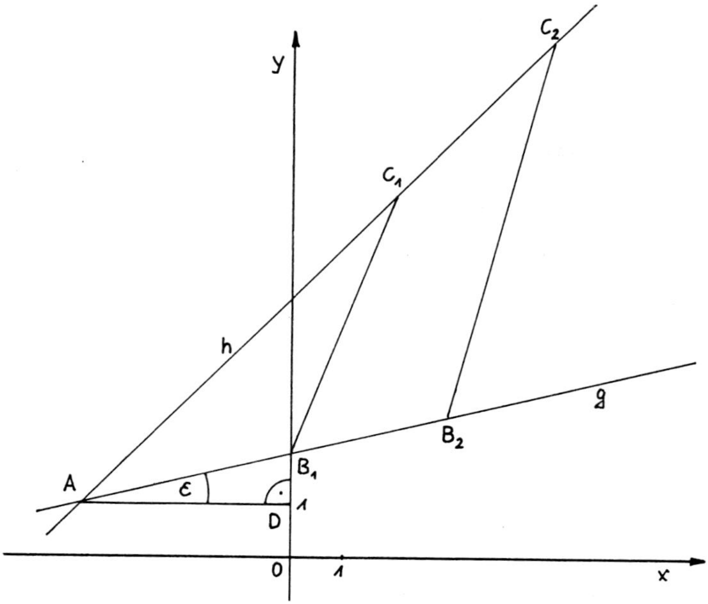

2.2 $x_C = x + 2$; $B_n(x \mid 0{,}25x + 2)$; $C_n(x + 2 \mid x + 7)$

$$\overrightarrow{B_nC_n} = \begin{pmatrix} 2 \\ \frac{3}{4}x + 5 \end{pmatrix}$$

$$\overline{B_nC_n} = \sqrt{2^2 + (\frac{3}{4}x + 5)^2}\ \text{LE}$$

$$\overline{B_nC_n} = \sqrt{\frac{9}{16}x^2 + \frac{15}{2}x + 29}\ \text{LE}$$

2.3 $\sqrt{\frac{9}{16}x^2 + \frac{15}{2}x + 29} = 2\sqrt{17}$;

Aus der Wurzeldefinition folgt: $\frac{9}{16}x^2 + \frac{15}{2}x + 29 = 4 \cdot 17 \iff 3x^2 + 40x - 208 = 0$

$\iff x = 4\ (\vee\ x = -17{,}33)$; $\mathbb{L} = \{4\}$

Koordinaten des Eckpunktes C_3: $C_3(6 \mid 11)$

2.4 $\tan\varepsilon = \frac{1\,\text{LE}}{4\,\text{LE}}$; $\varepsilon = 14{,}04°$

Neigungswinkel des Pfeils $\overrightarrow{B_nC_n}$: $\alpha = 14{,}04° + 55° = 69{,}04°$

Für die Steigung gilt: $\frac{0{,}75x + 5}{2} = \tan 69{,}04°$; $x = 0{,}29$; $\mathbb{L} = \{0{,}29\}$

3.1 Zeichnen der Pyramiden ABCDS und ABE_1F_1

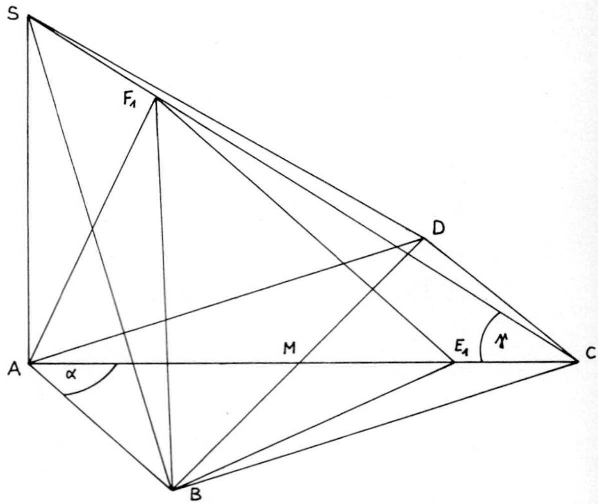

3.2 $\tan\gamma = \frac{8\,\text{cm}}{12\,\text{cm}}$; $\gamma = 33{,}69°$

$\overline{SC}^2 = \overline{AC}^2 + \overline{AS}^2$; $\overline{SC}^2 = (12\text{ cm})^2 + (8\text{ cm})^2$; $\overline{SC} = 14{,}42\text{ cm}$

$\overline{F_1C} = \overline{SC} - 3{,}5\text{ cm}$; $\overline{F_1C} = 10{,}92\text{ cm}$

$\overline{AF_1} = \sqrt{12^2 + 10{,}92^2 - 2{\cdot}12{\cdot}10{,}92\cdot\cos 33{,}69°}\text{ cm}$; $\overline{AF_1} = 6{,}72\text{ cm}$

3.3 $\overline{AB}^2 = \overline{AM}^2 + \overline{MB}^2$; $\overline{AB} = 10\text{ cm}$

$\tan\alpha = \frac{8\,\text{cm}}{6\,\text{cm}}$; $\alpha = 53{,}13°$

$\varepsilon = 180° - (53{,}13° + 70°) = 56{,}87°$

$\frac{x+6}{\sin 70°} = \frac{10}{\sin 56{,}87°}$; $x = 5{,}22$; $\mathbb{L} = \{5{,}22\}$

3.4 Grundfläche des Dreiecks ABE_2: $A = \frac{1}{2}\cdot\overline{AE_2}\cdot\overline{AB}\cdot\sin\alpha$; $A = 44{,}88\text{ cm}^2$

$\overline{CF_2} = 14{,}42\text{ cm} - 5{,}22\text{ cm}$; $\overline{CF_2} = 9{,}2\text{ cm}$

$h = \overline{CF_2}\cdot\sin 33{,}69°$; $h = 5{,}10\text{ cm}$

Pyramide ABE_2F_2: $V_2 = \frac{1}{3}\cdot 44{,}88\text{ cm}^2\cdot 5{,}10\text{ cm}$

$V_2 = 76{,}30\text{ cm}^3$

Pyramide ABCDS: $V = \frac{1}{3}\cdot\frac{1}{2}\cdot 12\text{ cm}\cdot 16\text{ cm}\cdot 8\text{ cm}$

$V = 256\text{ cm}^3$

Prozentualer Anteil: $p = \frac{76{,}30\,\text{cm}^3}{256\,\text{cm}^3}\cdot 100\,\% = 29{,}80\,\%$

Lösungsmuster Mathematik II B 1995

1.1 $y = 0{,}25x^2 + x - 4 \Leftrightarrow 4y = x^2 + 4x - 16 \Leftrightarrow y = 0{,}25(x+2)^2 - 5$

Koordinaten des Scheitelpunktes: $S(-2 \mid -5)$

x	-7	-6	-5	-4	-3	-2	-1
$0{,}25x^2 + x - 4$	1,25	-1	-2,75	-4	-4,75	-5	-4,75

x	0	1	2	3	4	5
$0{,}25x^2 + x - 4$	-4	-2,75	-1	1,25	4	7,25

Einzeichnen der Parabel p und der Geraden g

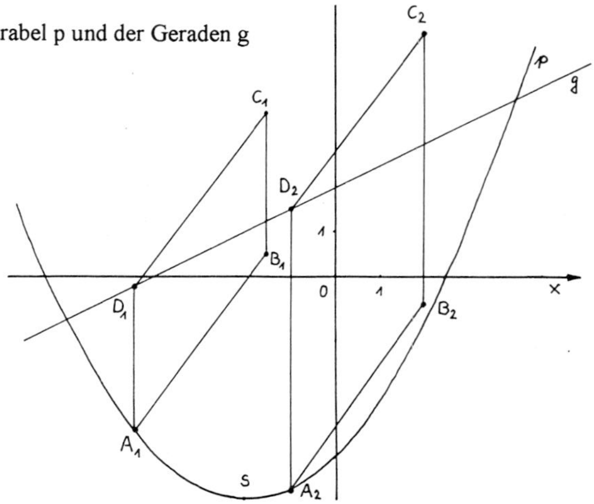

1.2 Einzeichnen der Parallelogramme $A_1B_1C_1D_1$ und $A_2B_2C_2D_2$

1.3 $\overrightarrow{D_nC_n} = \overrightarrow{A_nB_n} = \begin{pmatrix} 3 \\ 4 \end{pmatrix}$; $\overrightarrow{A_nD_n} = \begin{pmatrix} 0 \\ -0{,}25x^2 - 0{,}5x + 6 \end{pmatrix}$

Flächeninhalt: $A(x) = [3 \cdot (-0{,}25x^2 - 0{,}5x + 6) - 4 \cdot 0]$ FE

$A(x) = (-0{,}75x^2 - 1{,}5x + 18)$ FE

1.4 Extremwertbestimmung: $T(x) = -0{,}75x^2 - 1{,}5x + 18$

$\Leftrightarrow \quad -\frac{4}{3} \cdot T(x) = x^2 + 2x - 24$

$\Leftrightarrow \quad T(x) = -0{,}75(x+1)^2 + 18{,}75$

$A_{max}(-1) = 18{,}75$ FE

1.5 $\overline{D_nC_n} = 5$ LE; $\quad -0{,}25x^2 - 0{,}5x + 6 = 5 \Leftrightarrow x^2 + 2x - 4 = 0$

$\Leftrightarrow x = -3{,}24 \vee x = 1{,}24$; $\mathbb{L} = \{-3{,}24 ; 1{,}24\}$

1.6 $\overrightarrow{OB_n} = \begin{pmatrix} x \\ 0{,}25x^2 + x - 4 \end{pmatrix} \oplus \begin{pmatrix} 3 \\ 4 \end{pmatrix}$; $\overrightarrow{OB_n} = \begin{pmatrix} x + 3 \\ 0{,}25x^2 + x \end{pmatrix}$; $B_n(x + 3 \mid 0{,}25x^2 + x)$

$-0{,}25x^2 + x = 0 \Leftrightarrow x \cdot (0{,}25x + 1) = 0 \Leftrightarrow x = 0 \vee x = -4$; $\mathbb{L} = \{-4 ; 0\}$

2.1 Zeichnen des Vierecks ABPQ im Maßstab 1:1000

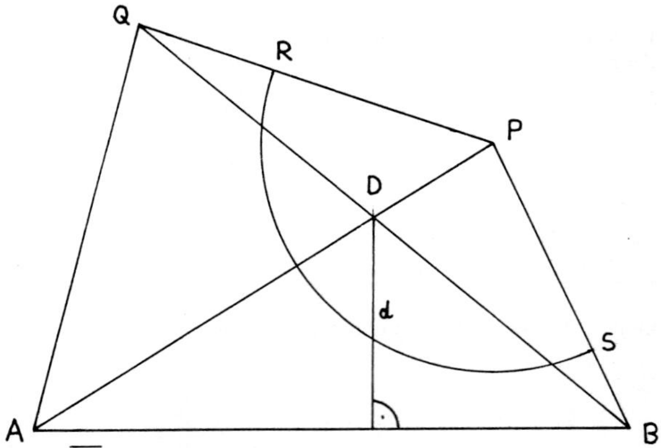

2.2 $\sphericalangle APB = 83°$

$\frac{\overline{AP}}{\sin 65°} = \frac{\overline{AB}}{\sin 83°}$; $\overline{AP} = 91{,}3\ \text{m}$

$\frac{\overline{AQ}}{\sin 40°} = \frac{\overline{AB}}{\sin 65°}$; $\overline{AQ} = 70{,}9\ \text{m}$

$\sphericalangle PAQ = 43°$ $\quad \overline{PQ} = \sqrt{91{,}3^2 + 70{,}9^2 - 2 \cdot 91{,}3 \cdot 70{,}9 \cdot \cos 43°}$

$\overline{PQ} = 62{,}4\ \text{m}$

2.3 Einzeichnen des Bogens $\widehat{RS}$ mit dem Radius 40 m

2.4 Flächeninhalt des Geländes: $A_{ABPQ} = A_{\Delta\, ABP} + A_{\Delta\, APQ}$

$A_{ABPQ} = \frac{1}{2} \cdot \overline{AB} \cdot \overline{AP} \cdot \sin 32° + \frac{1}{2} \cdot \overline{AP} \cdot \overline{AQ} \cdot \sin 43°$

$A_{ABPQ} = \frac{1}{2} \cdot 100\ \text{m} \cdot 91{,}3\ \text{m} \cdot \sin 32° + \frac{1}{2} \cdot 91{,}3\ \text{m} \cdot 70{,}9\ \text{m} \cdot \sin 43°$

$A_{ABPQ} = 4626{,}4\ \text{m}^2$

$\overline{AP}^2 = \overline{AQ}^2 + \overline{QP}^2 - 2 \cdot \overline{AQ} \cdot \overline{QP} \cdot \cos \varepsilon$

$\cos \varepsilon = \frac{70{,}9^2 + 62{,}4^2 - 91{,}3^2}{2 \cdot 70{,}9 \cdot 62{,}4}$; $\varepsilon = 86{,}2°$

Winkelsumme: $\sphericalangle QPB$: $\varphi = 360° - (75° + 65° + 86{,}2°) = 133{,}8°$

Sektorfläche: $A_{Sektor} = \frac{(40\ \text{m})^2 \cdot \pi}{360°} \cdot 133{,}8°$

$A_{Sektor} = 1868{,}2\ \text{m}^2$

Flächeninhalt des Geländes: $A = A_{ABPQ} - A_{Sektor}$; $A = 2758{,}2\ \text{m}^2$

2.5 $\sphericalangle ADB = 108°$; $\frac{\overline{BD}}{\sin 32°} = \frac{\overline{AB}}{\sin 108°}$; $\overline{BD} = 55{,}7\ \text{m}$

Abstand: $\sin 40° = \frac{d}{\overline{BD}}$; $d = 35{,}8\ \text{m}$

3.1 Zeichnen des Schrägbildes der Pyramide ABCDS.

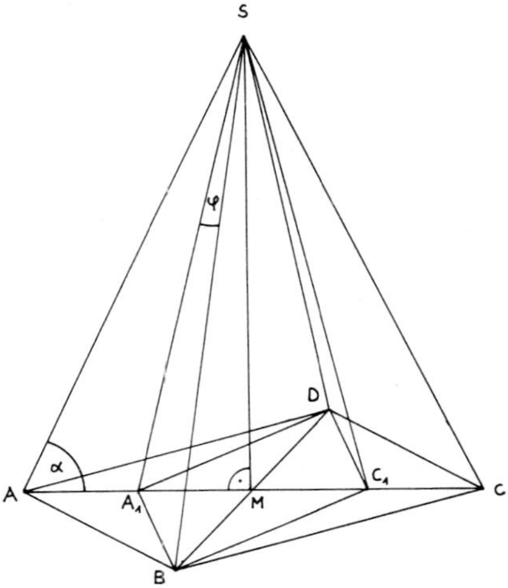

3.2 $\tan \alpha = \frac{10\,\text{cm}}{5\,\text{cm}}$; $\alpha = 63{,}43°$

$\overline{AS}^2 = \overline{AM}^2 + \overline{MS}^2$; $\overline{AS} = 11{,}18$ cm

3.3 Einzeichnen der Pyramide A_1BC_1DS

$\overline{AS} = \overline{BS} = 11{,}18$ cm
$\overline{A_1S} = 10{,}31$ cm
$\overline{A_1B} = 5{,}59$ cm

$\overline{A_1B}^2 = \overline{SA_1}^2 + \overline{SB}^2 - 2 \cdot \overline{SA_1} \cdot \overline{SB} \cdot \cos \varphi$

$\cos \varphi = \frac{10{,}31^2 + 11{,}18^2 - 5{,}59^2}{2 \cdot 10{,}31 \cdot 11{,}18}$; $\varphi = 29{,}80°$

Grundfläche: $A = \frac{1}{2} \cdot \overline{BD} \cdot \overline{A_1C_1}$

$A = \frac{1}{2} \cdot 10\text{ cm} \cdot 5\text{ cm}$

$A = 25\text{ cm}^2$

Dreieck A_1BS: $A' = \frac{1}{2} \cdot \overline{SA_1} \cdot \overline{SB} \cdot \sin \varphi$

$A' = 28{,}64\text{ cm}^2$

Oberfläche der Pyramide: $O = 139{,}56\text{ cm}^2$

3.4 $\tan \varepsilon = \frac{10\,\text{cm}}{2{,}5\,\text{cm}}$; $\varepsilon = 75{,}96°$

$\overline{P_1C_1}^2 = \overline{A_1C_1}^2 + \overline{A_1P_1}^2 - 2 \cdot \overline{A_1C_1} \cdot \overline{A_1P_1} \cdot \cos \varepsilon$

$\overline{P_1C_1} = 6{,}15$ cm

3.5 $\tan 20° = \frac{5 - x}{10}$; $x = 1{,}36$; $\mathbb{L} = \{1{,}36\}$

Abschlußprüfung 1994 Mathematik II A

1.0 Die Parabel p_1 ist der Graph der Funktion f_1 mit der Gleichung $y = 0{,}25x^2 + 0{,}5x - 0{,}75$ ($\mathbb{G} = \mathbb{R} \times \mathbb{R}$).

1.1 Tabellarisieren Sie f_1 für $x \in [-3; 5]$ in Schritten von $\Delta x = 1$, und zeichnen Sie die Parabel p_1 in ein Koordinatensystem.
Für die Zeichnung: Längeneinheit 1cm; $-4 \leqq x \leqq 7$; $-3 \leqq y \leqq 9$

1.2 Ermitteln Sie die Gleichung sowie die Koordinaten des Scheitelpunktes S_2 einer nach unten geöffneten Normalparabel p_2, die durch die Punkte $P_1\,(0{,}5|-0{,}25)$ und $P_2\,(4|5)$ verläuft. Zeichnen Sie sodann p_2 in das Koordinatensystem zu 1.1 ein.
[Teilergebnis: p_2 mit $y = -x^2 + 6x - 3$]

1.3 Punkte $A_n(x\,|\,0{,}25x^2 + 0{,}5x - 0{,}75)$ auf der Parabel p_1 sind für $-1 \leqq x \leqq 3$ Eckpunkte von gleichschenkligen Dreiecken $A_nB_nC_n$. Die Basis $[A_nB_n]$ verläuft stets parallel zur x-Achse und ist 3 LE lang. Außerdem ist die Abszisse der Punkte B_n immer größer als die Abszisse x der zugehörigen Punkte A_n. Die Eckpunkte C_n liegen auf der Parabel p_2.
Zeichnen Sie die Dreiecke $A_1B_1C_1$ für $x = 0$ und $A_2B_2C_2$ für $x = 3$ in das Koordinatensystem zu 1.1 ein.

1.4 Ermitteln Sie die Koordinaten x_c und y_c der Punkte $C_n\,(x_c\,|\,y_c)$ in Abhängigkeit von der Abszisse x der Punkte A_n. [Teilergebnis: $y_c = -x^2 + 3x + 3{,}75$]

1.5 Zeigen Sie, daß der Flächeninhalt A(x) der Dreiecke $A_nB_nC_n$ in Abhängigkeit von der Abszisse x der Punkte A_n wie folgt dargestellt werden kann:
$A(x) = (-1{,}875\,x^2 + 3{,}75\,x + 6{,}75)$ FE.

1.6 Berechnen Sie die Koordinaten der Eckpunkte A_o, B_o und C_o des flächengrößten Dreiecks $A_oB_oC_o$.

2.0 Gegeben ist das Parallelogramm ABCD mit $\overline{AB} = 7$ cm, $\overline{BC} = 5$ cm und $\sphericalangle BAD = 65^\circ$.

2.1 Zeichnen Sie das Parallelogramm ABCD mit der Diagonalen [AC]. Berechnen Sie $\overline{AC}$ und das Maß ε des Winkels BAC. (Auf zwei Stellen nach dem Komma runden.)
[Teilergebnis: $\varepsilon = 26{,}43^\circ$]

2.2 Der Kreis k (B; r = 4 cm) schneidet die Diagonale [AC] in den Punkten Q und R und die Seite [AB] im Punkt P. Es gilt $\overline{AQ} < \overline{AR}$.
Ergänzen Sie die Zeichnung zu 2.1 durch den Kreis k sowie durch die Punkte Q, R und P.

2.3 Berechnen Sie den Abstand h des Punktes B von der Diagonalen [AC] und das Maß ω des Winkels RBQ. (Auf zwei Stellen nach dem Komma runden.)

[Teilergebnis: $\omega = 77{,}48^\circ$]

2.4 Berechnen Sie die Länge des Bogens $\overset{\frown}{QP}$ auf zwei Stellen nach dem Komma gerundet.

2.5 Durch die Strecken [QA], [AD], [DC], [CR] und den Bogen $\overset{\frown}{RQ}$ des Kreises k wird eine Figur begrenzt. Berechnen Sie den Flächeninhalt A dieser Figur. (Auf zwei Stellen nach dem Komma runden.)

3.0 Ein gerader Kreiskegel hat den Grundkreisradius r = 5 cm, seine Mantellinien sind 13 cm lang. Dem Kegel werden gerade Kreiszylinder mit dem Radius x cm ($0 < x < 5$; $x \in \mathbb{R}^+$) und der Höhe y cm einbeschrieben. Dabei liegen die Grundflächen der Zylinder in der Grundfläche des Kegels und haben denselben Mittelpunkt M wie die Kegelgrundfläche. Die Zylinder berühren den Kegelmantel.

3.1 Zeichnen Sie den Axialschnitt des Kegels und des zu x = 3 gehörenden einbeschriebenen Zylinders. Berechnen Sie sodann das Maß α des Winkels, den eine Mantellinie des Kegels mit der Grundfläche einschließt, auf zwei Stellen nach dem Komma gerundet.

[Teilergebnis: $\alpha = 67{,}38^\circ$]

3.2 Zeigen Sie, daß die Mantelfläche M(x) der Zylinder wie folgt dargestellt werden kann:

$M(x) = \pi \cdot (-4{,}8\, x^2 + 24\, x)\ cm^2$.

3.3 Zu jedem einbeschriebenen Zylinder gibt es eine Kugel, deren Mittelpunkt auf der Kegelachse liegt und die sowohl die Deckfläche des Zylinders (von oben) als auch den Kegelmantel (von innen) berührt.
Ergänzen Sie die Zeichnung zu 3.1 durch den Axialschnitt der Kugel. Zeigen Sie sodann durch Rechnung, daß für die Oberfläche O(x) der Kugeln in Abhängigkeit von x gilt:

$O(x) = 1{,}80 \cdot \pi \cdot x^2\ cm^2$. (Auf zwei Stellen nach dem Komma runden.)

3.4 Berechnen Sie den Wert für x, so daß die Mantelfläche des zugehörigen Zylinders gleich der Oberfläche der zugehörigen Kugel ist. (Auf zwei Stellen nach dem Komma runden.)

3.5 Entscheiden Sie durch Rechnung, ob es einen einbeschriebenen Zylinder mit einer Oberfläche von $60 \cdot \pi\ cm^2$ gibt.

Abschlußprüfung 1994 Mathematik II B

1.0 Die Parabel p ist der Graph der Funktion f_1 mit $y = 0{,}25x^2 + 0{,}5x + 2{,}25$, die Gerade g ist der Graph der Funktion f_2 mit $y = x - 3$ ($\mathbb{G} = \mathbb{R} \times \mathbb{R}$).

1.1 Bestimmen Sie rechnerisch die Koordinaten des Scheitelpunktes S der Parabel p. Tabellarisieren Sie die Funktion f_1 für $-2 \leqq x \leqq 4$ in Schritten von $\Delta x = 1$, und zeichnen Sie sodann die Parabel p und die Gerade g in ein Koordinatensystem. Für die Zeichnung: Längeneinheit 1cm; $-3 \leqq x \leqq 7$; $-4 \leqq y \leqq 9$

1.2 Die Punkte P_n und Q_n auf der Geraden g mit $\overline{P_nQ_n} = 4$ LE sind zusammen mit den Punkten R_n auf der Parabel p die Eckpunkte von Dreiecken $P_nQ_nR_n$. Die Eckpunkte P_n und R_n haben dabei jeweils dieselbe Abszisse x. Zeichnen Sie die Dreiecke $P_1Q_1R_1$ für $x = 0{,}5$ und $P_2Q_2R_2$ für $x = 4$ in das Koordinatensystem zu 1.1 ein.

1.3 Die Punkte T_n sind die Fußpunkte der Lote von den Eckpunkten Q_n auf die Seiten $[R_nP_n]$. Die Höhen $[Q_nT_n]$ sind stets gleich lang. Zeichnen Sie die Höhen $[Q_1T_1]$ und $[Q_2T_2]$ in das Koordinatensystem zu 1.1 ein. Bestätigen Sie durch Rechnung, daß $\overline{Q_nT_n} = 2 \cdot \sqrt{2}$ LE gilt.

1.4 Zeigen Sie durch Rechnung, daß sich der Flächeninhalt A(x) der Dreiecke $P_nQ_nR_n$ in Abhängigkeit von der Abszisse x der Punkte P_n wie folgt darstellen läßt:
$A(x) = \sqrt{2} \cdot (0{,}25\,x^2 - 0{,}5\,x + 5{,}25)$ FE.

1.5 Unter den Dreiecken $P_nQ_nR_n$ besitzt das Dreieck $P_oQ_oR_o$ den kleinstmöglichen Flächeninhalt A_{min}. Berechnen Sie die Koordinaten des Punktes P_o, und geben Sie A_{min} auf zwei Stellen nach dem Komma gerundet an.

1.6 Unter den Dreiecken $P_nQ_nR_n$ gibt es zwei gleichschenklig-rechtwinklige Dreiecke $P_3Q_3R_3$ mit der Basis $[P_3R_3]$ und $P_4Q_4R_4$ mit der Basis $[P_4R_4]$. Berechnen Sie jeweils die x-Koordinate der Punkte P_3 und P_4. (Auf zwei Stellen nach dem Komma runden.)

2.0 Bei dem Rechteck ABCD mit $\overline{AB} = 6$ cm und $\overline{AD} = 8$ cm ist M der Mittelpunkt der Seite [AD]. Der Punkt E liegt auf der Seite [BC] mit $\overline{BE} = 1{,}5$ cm.

2.1 Zeichnen Sie das Rechteck ABCD mit den Punkten M und E und die Diagonale [BD], und berechnen Sie sodann die Länge $\overline{BD}$ sowie das Maß φ des Winkels ADB auf zwei Stellen nach dem Komma gerundet.
[Teilergebnis: $\overline{BD} = 10$ cm; $\varphi = 36{,}87^o$]

2.2 Im Rechteck ABCD schneidet die Strecke [EM] die Diagonale [BD] im Punkt F. Zeichnen Sie die Strecke [EM] und den Punkt F in die Zeichnung zu 2.1 ein, und berechnen Sie sodann die Länge $\overline{DF}$ auf zwei Stellen nach dem Komma gerundet.
[Teilergebnis: $\overline{DF} = 7{,}27$ cm]

2.3 Berechnen Sie die Länge $\overline{MF}$ und das Maß ε des Winkels DFM. (Auf zwei Stellen nach dem Komma runden.)
[Ergebnis: $\overline{MF} = 4{,}72$ cm; $\varepsilon = 30{,}56^\circ$]

2.4 Der Kreis um F mit dem Radius $\overline{MF}$ schneidet die Strecke [DF] im Punkt G, der Kreis um D mit dem Radius $\overline{DG}$ schneidet die Rechtecksseite [DC] im Punkt H.
Zeichnen Sie die Kreisbögen $\overset{\frown}{GM}$ und $\overset{\frown}{GH}$ in die Zeichnung zu 2.1 ein.

2.5 Berechnen Sie den Flächeninhalt A der Figur, die von den Kreisbögen $\overset{\frown}{GM}$ und $\overset{\frown}{GH}$ sowie von den Strecken [HD] und [DM] begrenzt wird. (Auf zwei Stellen nach dem Komma runden.)

3.0 Das Rechteck ABCD mit $\overline{AB} = 8$ cm und $\overline{BC} = 10$ cm ist die Grundfläche einer Pyramide ABCDS, deren Spitze S senkrecht über dem Mittelpunkt E der Seite [AD] liegt. Es gilt: $\overline{ES} = 7$ cm. Der Punkt F ist der Mittelpunkt der Seite [BC].

3.1 Zeichnen Sie ein Schrägbild der Pyramide ABCDS. Dabei soll [EF] auf der Schrägbildachse liegen. Für die Zeichnung: $q = 0{,}5$; $\omega = 45^\circ$
Berechnen Sie sodann $\beta = ∢$ SBE. (Auf zwei Stellen nach dem Komma runden.)
[Teilergebnis: $\overline{BE} = 9{,}43$ cm]

3.2 Berechnen Sie $\delta = ∢$ SFA. (Auf zwei Stellen nach dem Komma runden.)
[Ergebnis: $\delta = 50{,}34^\circ$]

3.3 Die Punkte P_n auf der Strecke [SF] mit $\overline{FP_n} = x$ cm ($x < \sqrt{113}$; $x \in \mathbb{R}^+$) sowie die Punkte A und F sind jeweils die Eckpunkte von Dreiecken AFP_n.
Zeichnen Sie das Dreieck AFP_1 für $x = 4{,}5$ in das Schrägbild zu 3.1 ein.
Berechnen Sie sodann das Maß α_1 des Winkels FAP_1 und den Abstand d_1 des Punkts P_1 von der Strecke [AF]. (Auf zwei Stellen nach dem Komma runden.)

3.4 Für die Dreiecke AFP_2 und AFP_3 gilt: $\overline{AP_2} = \overline{AP_3} = 8$ cm. Berechnen Sie die zugehörigen Werte für x. (Auf zwei Stellen nach dem Komma runden.)

Notizen

Notizen